Reparaturratgeber für die Zschopauer RT

Fonsi Karasz

Reparaturratgeber für die Zschopauer RT

Impressum

Autor: Fonsi Karasz
Fotografien/Abbildungen: Fonsi Karasz

„Reparaturratgeber für die Zschopauer RT" – 1. Fassung, Leipzig (2014).

Herausgeber: Fonsi Karasz
ISBN: 978-1495939419

www.fonsi-karasz.de

Rechtlicher Hinweis:
Alle hier aufgeführten technischen Daten und Hinweise wurden nach bestem Gewissen recherchiert und überprüft. Dennoch können Fehler nicht ausgeschlossen werden. Der Autor übernimmt keine Garantie für die Korrektheit der Daten und weiterhin keine Haftung für daraus entstehende mögliche Schäden an den Fahrzeugen oder den Fahrzeugführern.

Vorwort

Im September 2008 stand ich auf dem Werksgelände der Motorenwerke Zschopau. Ein großartiges Feuerwerk läutete das Ende des „Emmenrausches" ein. Als dann auf dem Dach eines Gebäudes ein pyrotechnischer Schriftzug erstrahlte, der die Initialen „MZ" weit in den Nachthimmel scheinen ließ, war für alle Anwesenden klar, dass hier noch viel mehr einem Ende entgegen geht, als nur dieses schöne und familiäre MZ-Treffen. Mit einem stolzen aber zugleich melancholischen Gefühl waren wir unmittelbar dabei, als ein unglaubliches Stück Tradition des sächsischen Motorradbaus endgültig ein Ende fand. Die Versuche danach sollten nie wieder dasselbe sein und führten zum wiederholten Scheitern in der Gegenwart. Zwischenzeitlich hatten Zeitungsmeldungen über ein neues Engagement im Motorsport alle MZ-Herzen wieder hoffen lassen. Doch jüngst stand man wieder vor der traurigen Realität, wie bereits 2008 und zuvor in den 90ern. Es ist die Agonie einer Weltmarke, die viele Anhänger immer wieder hoffen und immer wieder leiden ließ.

Aber egal wie es jemals um das Werk bestellt war, die Erben von mehr als 90 Jahren Motorradbau hat es immer kontinuierlich gegeben. Die Rede ist von den zahlreichen Schraubern, Bastlern, Tüftlern und natürlich, den Fahrern. Sie alle sind die Begründer einer Liebhaber-Szene, die sich stets vergrößert und weiter entwickelt. Im Zeitalter des Web 2.0 organisieren sie sich in zahlreichen Foren und Selbsthilfeportalen und helfen einander die alten Maschinen wieder auf Trab zu bringen. Dabei werden mit Teamgeist stets alle Defekte und Probleme ausgeräumt und immer eifrig nach Verbesserungen gesucht. Ein jeder Schrauber hat sich bestimmt schon einmal dabei ertappt, dass er beinahe das Rad neu erfunden hätte oder technische Zeichnungen wie DKW-Chefkonstrukteur Hermann Weber angefertigt hat. Genau diesem Klientel ist dieser Reparaturratgeber gewidmet.

In diesem Reparaturratgeber möchte ich die Zschopauer RT's der Nachkriegszeit behandeln. Es wird der Versuch unternommen, Bedienungs- und Reparaturhinweise für diese RT-Typen zu bieten. Weiterhin werden die bekannten Informationen um gegenwärtige Neuerungen ergänzt. Die Erklärungen sollen nach besten Möglichkeiten mithilfe von Grafiken und Fotografien illustriert werden. Allerdings wird es nicht gelingen, den Anspruch auf Vollständigkeit zu erfüllen, weil das Thema unglaublich Komplex ist – diesbezüglich bitte ich im Voraus um Verständnis. Es wird mit Sicherheit zahlreiche Bereiche geben, wo ein Schrauber-Freund mit anderen und besseren Erfahrungen die für ihn wesentlichen Dinge vermissen wird oder etwas zu verbessern weiß. Für Hinweise und Verbesserungsvorschläge habe ich jederzeit ein offenes Ohr. Ihr könnt mich über meine Webseite kontaktieren:

www.fonsi-karasz.de

Inhaltsverzeichnis

1. Historischer Abriss	1
2. RT – Chronologie (bis 1965)	3
3. Technische Daten der RT-Modelle	5
4. Mentale Hinweise zum Schrauben	8
5. Funktionsweise des Zweitaktmotors	9
6. Der RT-Motor	14
7. Ausbau des Motors	14
8. Demontage von Zylinder und Kolben	15
9. Ausbau des Primärtriebs	20
10. Motor zerlegen	22
11. Motor zusammenbauen	24
12. Die Elektrik	25
13. Der Regler	26
14. Funktion des Reglers	26
15. Regler prüfen und einstellen	28
16. Der elektronische Regler	29
17. Säurebatterien und Gel-Akkus	29
18. Die Zündung	30
19. Der Zündkondensator	32
20. Unterbrecher einstellen	33
21. Zündzeitpunkt mit der Zünduhr ermitteln	35
22. Die Zündspule	36
23. Der Kerzenstecker	37
24. Die Zündkerze	38
25. Die Beleuchtung	40

26. Der Vergaser...	40
27. Die Einstellung des Vergasers..	42
28. Der Flachschiebervergaser...	44
29. Der Luftfilter..	46
30. Der Auspuff...	47
31. Der RT-Rahmen – Modifizierungen und Umbauten................................	49
32. Das Fahrwerk – zeitgenössische Umbauten...	50
33. Die Teleskopgabel...	51
34. Die Montage der Geradwegfederung..	55
Verwendete Literatur...	56

1. Historischer Abriss

Der Däne Jørgen Skafte Rasmussen, 1878 in Nakskov in Dänemark geboren, zog nach einer sehr wechselhaften Kindheit und Jugend in das Deutsche Kaiserreich, um dort am Technikum in Mittweida Maschinenbau zu studieren. Wie fast jeder Student am Anfang auch, nahm er sein Studium zunächst alles andere als ernst. Aus diesen und einigen anderen Gründen verließ er das Technikum in Mittweida und wechselte auf die Ingenieurschule Mittweida, wo er letztlich seinen Ingenieur-Abschluss mit befriedigenden Leistungen schaffte. Mit dem Kaufmann Carl Ernst gründete er eine Firma, welche Armaturen für Dampfmaschinen herstellte. Diese Firma, „Rasmussen & Ernst" genannt, ist der Beginn der Firmenhistorie. Im Jahr 1906 kaufte Rasmussen eine leerstehende Tuchfabrik bei Zschopau und begann sich dort vom Ursprungsunternehmen zu verselbstständigen. Dieser Standort war die „Zschopauer Maschinenfabrik Jörgen Skafte Rasmussen". Das Unternehmen sollte die Kinderstube für alle späteren Entwicklungen werden. So begann Rasmussen dort mit dem Bau und der Entwicklung von Dampfkraftwagen (DKW). Während des Ersten Weltkrieges war das Unternehmen in die Rüstung integriert. Das Kriegsende hat für die Zschopauer eine besondere Entwicklung mit sich gebracht: Durch die Mängel in der deutschen Wirtschaft war die Nachfrage nach Fahrrädern sehr groß, um Fortbewegung und Flexibilität der Menschen zu ermöglichen. An diesem Punkt setzte das Unternehmen Rasmussens mit einem Fahrradhilfsmotor an. Der Ingenieur Hugo Ruppe, welcher zuvor einen Spielzeugmotor (DKW- Des Knaben Wunsch) für die Kinderstube entwickelte, machte einen Zweitaktmotor salonfähig, der die Ansprüche eines Fahrradhilfsmotors erfüllen sollte. Der Absatz war reißend und diese Fahrräder verkauften sich dank ihres Antriebsaggregats mit dem Slogan: *„DKW – das kleine Wunder, fährt Bergauf, wie andere runter!"*

Somit hat die Bezeichnung DKW bereits drei Ursprünge, *„Dampfkraftwagen", „Des Knaben Wunsch"* und *„Das kleine Wunder"*. Die wunderhafte Entwicklung in Zschopau sollte allerdings einen weiteren Antrieb erfahren: Von einer Reise in die USA brachte Rasmussen Eindrücke der automatisierten Fertigung mit ins Erzgebirge. Die Idee eines Fließbandes wie in den Werken Henry Fords fand somit Einzug in den Produktionsablauf bei DKW und das Werk war fortan das erste mit Motorrad-Fließband weltweit. Dann gelang 1922 der Durchbruch. Konstrukteur Hermann Weber entwickelte ein kleines und leichtes Motorrad, das „Reichsfahrtmodell". Somit begann in Zschopau eine über 90 Jahre andauernde Ära des Motorradbaus.

Mit der Weltwirtschaftskrise 1929 drohten den sächsischen Motorrad und Automobilbauern harte Einschnitte. Die Sächsische Staatsbank initiierte daher bei diesen Unternehmen, welche alle zu ihrem Kundenstamm gehörten, eine Fusion zur sogenannten „Auto Union". Vier verflochtene Eheringe zieren fortan die einzelnen Logos der beteiligten Unternehmen: DKW, Wanderer, Audi und Horch. Diese Union rettete langfristig vermutlich das Bestehen der Einzelnen Unternehmen, brachte aber im Verlauf viele Kompromisse mit sich. Im Konflikt mit dem Vorstand verließ Rasmussen diesen. Die

DKW-Werke sollten allerdings in den 30ern noch eine richtige Blütezeit erleben. 1934 verließ das erste RT-Modell die Fabrikhalle, mit gerade mal 100 ccm. Außerdem wurde der erste Motor geschaffen, wo sich Getriebe und Motor in einem Block befinden. Zu den beachtlichsten Produkten gehörten Zweizylindermaschinen mit einem halben Liter Hubraum, welche es auch als Wassergekühlte Versionen gab. Die vorläufig reifste Entwicklung waren die Motorräder der NZ-Reihe. Auf diesem Höhepunkt machte wieder ein historisches Ereignis einen schweren Einschnitt in die Zschopauer Entwicklung: Der Zweite Weltkrieg.

Die Produktion war fortan von Rüstungsauflagen betroffen und beschränkt. Die Fertigung wurde auf wenige Modelle begrenzt. So wurden mit Vorrang die 250er und 350er NZ-Modelle, als auch die 125er RT's gebaut. Für den Krieg wurden auch unzählige Zivilmaschinen beschlagnahmt, welche dann im Fronteinsatz zerstört worden. Die Produktion war durch den Krieg gehindert und der bereits produzierte Bestand durch den Krieg zerstört – so überstanden nur wenige Motorräder das Kriegsende unbeschadet.

Der Neubeginn nach Kriegsende gestaltete sich unglaublich schwierig. Wurde das, was der Krieg unbeschädigt gelassen hat, nun durch die Demontage bedroht. So kam es, dass die Neuanfänge in Zschopau unglaublichen pionierartigen Leistungen und Improvisationen zu verdanken war. Diese Stunde Null gestaltete sich noch schwieriger, weil nicht nur Maschinen und Anlagen von den Sowjets demontiert wurden, sondern zum Aufbau dergleichen in der Sowjetunion auch die nötigen Fachkräfte mitgenommen wurden. So kam es, dass der RT-Vater Hermann Weber, nach Russland gebracht wurde, wo er 1948 verstarb. Als „IFA DKW" (Industrieverband Fahrzeugbau) begann man 1950 eine neue Serie der RT zu bauen. Die DKW IFA RT 125 knüpfte an ihren Vorgängerinnen an. Doch auch in der Bundesrepublik begann man zu bauen. In Ingolstadt rollten aus dem westdeutschen DKW-Werk ebenfalls RT-Motorräder. Die DKW RT 125 W, wobei das W für „west" stand. In der DDR blieb die Produktion bei den 125ern und war nur geringfügigen Änderungen unterlegen. In der BRD hingegen standen auch weitere Hubraumalternativen zur Verfügung. So gab es die RT nicht nur als 125er, sondern auch als 175er, 200er, 250er und 350er (Zweizylinder). Die Bauweise der RT fand nach dem Krieg weltweit Verbreitung. Dies lag daran, dass nach dem großen Krach bei Kriegsende die Lizenzrechte nicht mehr geschützt waren. Nahezu jeder Motorradhersteller der Welt baute eine RT. So gibt es berühmte „RT-Klone" der Marken Harley Davidson, BSA, Czepel, Yamaha, Komet und viele mehr. Die RT wurde nicht nur zum meistgebauten Motorrad der Welt, sondern auch zum meistkopiertesten.

2. RT-Chronologie (bis 1965)

Werk	Modell	Bauzeit	Stückzahl	Hubraum	Vmax	Fahrwerk/ Getriebe
DKW	RT 100	1934 – 1936	10.000	98 ccm	55 km/h	Trapezgabel mit Schraubenfeder/ 3-Gang
DKW	RT 3 PS	1936 – 1940	61.850	98 ccm	65 km/h	Trapezgabel mit Gummifederung/ 3-Gang
DKW	RT 125	1940 – 1941	21.000	123 ccm	80 km/h	Trapezgabel mit Gummifederung/ 3-Gang
DKW	RT 125 – 1	1943 – 1944	12.000	123 ccm	75 km/h	Trapezgabel mit Schraubenfeder/ 3-Gang
Auto Union	RT 125 W	1949 - 1950	25.000	123 ccm	80 km/h	Trapezgabel mit Gummifederung/ 3-Gang
IFA DKW	IFA RT 125	1950 – 1954	30.199	123 ccm	75 km/h	Telegabel/ Geradwegfederung/ 3-Gang
Auto Union	RT 125 W	1950 – 1951	30.600	123 ccm	80 km/h	Telegabel/ 3-Gang
Auto Union	RT 200	1951 – 1952	12.555	191 ccm	90 km/h	Telegabel/ 3-Gang
Auto Union	RT 200 H	1952 – 1953	35.496	191 ccm	90 km/h	Telegabel/ Teleskopfederung/ 3-Gang
Auto Union	RT 125/ 2	1952 – 1954	56.000	123 ccm	82 km/h	Telegabel/ 3-Gang
Auto Union	RT 250 H	1952 – 1953	34.130	244 ccm	100 km/h	Telegabel/ Geradwegfederung/ 3-Gang
Auto Union	RT 250/ 1	1953	7.054	244 ccm	100 km/h	Telegabel/ Geradwegfederung/ 4-Gang
Auto Union	RT 250/ 2	1953 - 1955	26.600	244 ccm	108 km/h	Teleskopfederung/ Geradwegfederung/ 4-Gang
IFA DKW	IFA RT 125/ 1	1954 – 1956	33.148	123 ccm	80 km/h	Telegabel/ Geradwegfederung/ 3-Gang
Auto Union	RT 125/ 2 H	1954 – 1957	22.350	123 ccm	84 km/h	Teleskopfederung/ Geradwegfederung/ 3-Gang
Auto Union	RT 175	1954 – 1955	40.500	174 ccm	94 km/h	Teleskopfederung/ Geradwegfederung/ 4-Gang
Auto Union	RT 200/ 2	1954 – 1955	15.689	197 ccm	98 km/h	Telegabel/ Geradwegfederung/ 4-Gang
Auto Union	RT 175 S	1955 – 1956	13.645	174 ccm	95 km/h	Telegabel/ Schwinge/ 4-Gang

Auto Union	RT 200 S	1955 – 1956	5.938	197 ccm	98 km/h	Telegabel/ Schwinge/ 4-Gang
Auto Union	RT 250 S	1955 – 1956	3.380	244 ccm	116 km/h	Telegabel/ Schwinge/ 4-Gang
Auto Union	RT 350 S	1955 – 1956	5.290	348 ccm	120 km/h	Telegabel/ Schwinge/ 4-Gang/ 2-Zylinder
MZ	RT 125/ 2	1956 – 1959	55.424	123 ccm	80 km/h	Telegabel/ Geradwegfederung/ 3-Gang
Auto Union	RT 175 VS	1956 – 1958	15.010	174 ccm	101 km/h	Langschwinge/ Schwinge/ 4-Gang
Auto Union	RT 200 VS	1956 – 1958	5.389	197 ccm	110 km/h	Langschwinge/ Federbein/ 4-Gang
Auto Union	RT 250 VS	1956 – 1957	1.535	244 ccm	119 km/h	Langschwinge/ Schwinge/ 4-Gang
MZ	RT 125/3	1959 – 1962	143.035	123 ccm	85 km/h	Telegabel/ Geradwegfederung/ 4-Gang
MZ	RT 125 /4	1964 - 1965	4.904	123 ccm	85 km/h	Telegabel/ Geradwegfederung/ 4-Gang

„Die Genialität einer Konstruktion liegt in ihrer Einfachheit. Kompliziert bauen kann jeder."

Sergej Koroljow (1907 – 1966), russischer Konstrukteur

3. Technische Daten der RT-Modelle:

	IFA RT 125	IFA RT 125 /1	MZ RT 125 /2	MZ RT 125 /3	MZ RT 125 /4
Baujahre	1950 – 1954	1954 – 1956	1956 – 1959	1959 - 1962	1964 - 1965
Stückzahl	30.199	33.148	55.424	143.035	4904
Rahmennummern	750.001 – 780.200	1.000.001 – 1.031.600 und 11.018.501 – 11.021.450	5.000.001 – 5.055.424	7.500.001- 7.643.035	unbekannt
Ersatzrahmen-Nummern:	18.000.001 – 1.810.000	18.000.001 – 1.810.000	1.810.001 – 1.850.000	7.650.001- 7.700.001	
V-Max	75 km/h	80 km/h	80 km/h	85 km/h	85 km/h
Arbeits- und Spülverfahren	Zweitakt - Umkehrspülung				
Zylinder	1	1	1	1	1
Hub/Bohrung	58 x 52 mm	58 x 52 mm	58 x 52 mm	58 x 52 mm	58 x 52 mm
Hubraum	123 ccm	123 ccm	123 ccm	123 ccm	123 ccm
Kompression	6 : 1	6,5 : 1	7,25 : 1	8 : 1	9 : 1
Leistung bei U/ min	4,75 PS bei 5000/min	5,5 PS bei 5200/min	6 PS bei 5200/min	6,5 PS bei 5200/min	8,5 PS bei 5800/min
Max. Drehmoment bei U/ min	0,7 kg/m bei 3300/min	0,8 kg/m bei 3500/min	0,87 kg/m bei 4000/min	0,95 kg/m bei 6000/min	1,10 kg/m bei 4000/min
Kraftstoff-Öl-Mischverhältnis	1 : 25	1 : 25	1 : 25	1 : 25	1 : 33
Kühlung	Fahrtwind	Fahrtwind	Fahrtwind	Fahrtwind	Fahrtwind
Vergaser	BVF RT 17	BVF NB 20	BVF KNB 20 - 2	BVF KNB 22 1 -2	BVF 22 N 1-1
Haupt- / Leerlauf-/ Nadel-/ Startdüse	80 (75) /- /- /-	85 (80) /35 /67 /-	85 /35 /67 /-	85 (80) /35 /67 /-	87 /35 /65 /70
Nadelstellung von oben	3. Kerbe	4. Kerbe	3. Kerbe	3. Kerbe	2. oder 3. Kerbe
Leerlaufschraube offen	-	2,5 Umdrehungen	2,5 Umdrehungen	2,5 Umdrehungen	1 – 2 Umdrehungen
Luftfilter	Nassluftfilter	Nassluftfilter	Nassluftfilter	Nassluftfilter	Trockenluftfilter
Zündung	Batterie	Batterie	Batterie	Batterie	Batterie
Zündkerze	Isolator M 14 /225	Isolator M 14 /225	Isolator M 14 /225	Isolator M 14 /240	Isolator M 14 /240
Elektrodenabstand	0,55 mm	0,55 mm	0,6 mm	0,6 mm	0,6 mm
Unterbrecher	0,4 mm	0,4 mm	0,4 mm	0,4 mm	0,4 mm
Zündzeitpunkt vor OT	4 mm	4 mm	4 mm	4,5 mm	3,0 mm

Kraftübertragung

	IFA RT 125	IFA RT 125 /1	MZ RT 125 /2	MZ RT 125 /3	MZ RT 125 /4
Kupplung	Mehrscheibenkupplung im Ölbad				
Primärtrieb	Hülsenkette 9,5 x 7,7mm (44 Hülsen)	Hülsenkette 9,5 x 7,7mm (44 Hülsen)	Hülsenkette 9,5 x 7,7mm (44 Hülsen)	Hülsenkette 9,5x7,5 mm (44 Hülsen)	Hülsenkette 9,5 x 7,5 mm (48 Hülsen)
Gänge	3	3	3	4	4
Sekundärtrieb	Rollenkette 12,7 x 5,2 x 8,5 mm (108 Rollen)	Rollenkette 12,7 x 5,2 x 8,5 mm (108 Rollen)	Rollenkette 12,7 x 5,2 x 8,5 mm (108 Rollen)	Rollenkette 12,7x6,4x 8,51 mm (116 Rollen)	Rollenkette 12,7 x 6,4 x 8,51 mm (120 Rollen)
Schaltung	Fußschaltung				
Ritzel	14 Zähne	14 Zähne	14 Zähne	15 Zähne	15 Zähne
Kettenrad	40 Zähne	40 Zähne	40 Zähne	40 Zähne	48 Zähne

Räder, Fahrwerk, Maße und Gewichte

	IFA RT 125	IFA RT 125 /1	MZ RT 125 /2	MZ RT 125 /3	MZ RT 125 /4
Bremsen-Innenbacken-Durchmesser vorn und hinten	125 mm (Halbnabe	125 mm (Halbnabe)	125 mm (Halbnabe)/ 150 mm (Vollnabe ab 1958)	150 mm	150 mm
Felgengröße	2 x 19"	2 ¼ x 19"	2 ¼ x 19" /ab 1958 vorn 1,60 x 19" und hinten 1,85 x 19"	vorn 1,60 x 19" und hinten 1,85 x 19"	vorn 1,60 x 19" und hinten 1,85 x 19"
Bereifung vorn	2,5 x 19"	2,75 x 19"	2,75 x 19"/ ab 1958 2,75 x 19"	2,75 x 19"	2,75 x 19"
Bereifung hinten	2,5 x 19"	2,75 x 19"	2,75 x 19"/ ab 1958 3,00 x 19"	3,00 x 19"	3,00 x 19"
Reifenfreigaben vorn (Empfehlung)	K 35 2.75 - 19 M/C 47S TT	K 35 2.75 - 19 M/C 47S TT	K 35 2.75 - 19 M/C 47S TT	K 35 2.75 - 19 M/C 47S TT	K 35 2.75 - 19 M/C 47S TT
Reifenfreigaben hinten (Empfehlung)	K 35 2.75 - 19 M/C 47S TT	K 35 2.75 - 19 M/C 47S TT	K 35 2.75 - 19 M/C 47S TT oder für Modelle ab 1958: K 33 3.00 - 19 M/C 49S TT	K 33 3.00 - 19 M/C 49S TT	K 33 3.00 - 19 M/C 49S TT
Fahrzeuggewicht	78 kg	90 kg	90 kg	109 kg	109 kg

Zulässiges Gesamtgewicht	228 kg	235 kg	235 kg	250 kg	250 kg
Federweg vorn	85 mm	150 mm	140 mm	140 mm	140 mm
Federweg hinten	50 mm	50 mm	50 mm	50 mm	50 mm
Tankinhalt (Reserve)	8 l (ca. 1,5 l)	11 l (ca. 1,5 l)	11 l (ca. 1,5 l)	11 l (ca. 1,5 l)	11 l (ca. 1,5 l)
Getriebeöl:	450 ccm (GL 80)	450 ccm (GL 80)	450 ccm (GL 80)	450 ccm (GL 80)	450 ccm (GL 80)
Öl-Wechsel:	1. Wechsel nach 500 km, alle weiteren nach 12.000km	1. Wechsel nach 500 km, alle weiteren nach 10.000km	1. Wechsel nach 500 km, alle weiteren nach 10.000km	1. Wechsel nach 500 km, alle weiteren nach 10.000km	1. Wechsel nach 500 km, alle weiteren nach 10.000km

Elektrische Anlage

	IFA RT 125	IFA RT 125 /1	MZ RT 125 /2	MZ RT 125 /3	MZ RT 125 /4
Lichtmaschine	6-35/45	6-35/45	6-35/45	6-60	6-60
Regler	Regler im Spulenkasten				
Zündspule	Zünspule im Spulenkasten				
Ladekontrolle	Am Spulenkasten	Am Scheinwerfer			
Sicherung	40 Ampere im Spulenkasten	25 Ampere im Spulenkasten, 7 x 17 mm - Sicherung			
Spannung	6V				
Kapazität	8 Ah				
Fernlicht	25/ 25 W	35/ 35 W			
Rücklicht	3 W	Sofitte 5 W			
Standlicht	3 W	2 W			

4. Mentale Hinweise zum Schrauben

Wie bei den meisten anderen Dingen im Leben auch, gilt für den Umgang mit alten Motorrädern und das Schrauben, dass man sich grundsätzlich Zeit dafür nehmen muss. Die meisten Arbeiten kann man nicht einfach so zwischen Tür und Angel vornehmen. Zum einen würde es mit Sicherheit Mängel bei der Qualität der verrichteten Arbeit mit sich führen, zum anderen wäre es auch ein Bruch mit dem Anliegen eines solchen Schrauberhobbys. Denn wer sich hobbymäßig mit dem Aufbau und dem Erhalt alter Fahrzeuge beschäftigt, tut dies schlussendlich aus dem Grund, dass er Freude daran haben will. Und wie soll man Freude daran haben, wenn man kurz angebunden, gestresst oder unter großem Druck diese Arbeiten verrichtet. In einem Schrauberhobby geht es nicht um Normzeiten! Ebenfalls hat man keinen Soll zu erfüllen – außer vielleicht jenen, dass man Spaß daran haben soll! Denn wer sich Zeitpläne und Deadlines setzt, wird sie sehr häufig sowieso nicht einhalten können und der Spaß und die Freude leiden darunter. Auch sollte das Umfeld stimmen. Der Arbeitsplatz sollte aufgeräumt und gut organisiert sein. Man sollte gerade in kleinen oder vollgestellten Garagen für ausreichend Platz sorgen. Jeder der sich mit diesem Punkt angesprochen fühlt, kennt den Ärger, den ich mit diesem Hinweis vermeiden helfen möchte. Es geht schneller als man denkt, dass einem zum Beispiel ein Scheinwerferglas herunter fällt – und in diesem Zusammenhang bringen Scherben kein Glück. Weiterhin muss man stets mit Gelassenheit ans Werk gehen. Wenn einem heute eine Sache einfach nicht gelingen will, dann schlaf lieber erstmal eine Nacht drüber, als dass man mehr Schaden als Nutzen anrichtet. Am nächsten Tag ist man viel ausgeruhter und packt mit einem frischen und klaren Kopf dieselbe Sache viel besser an. Manchmal hilft das alles auch nicht, dann liegt es aber schlichtweg an mangelnder Erfahrung oder unzureichender Sachkunde. Um diesem Defizit beizukommen ist es allemal ratsam, auch wenn es leider viele Menschen nicht mögen, sich ein Buch zur Hand zu nehmen. Literatur gibt es meistens reichlich und sollte doch einmal nichts greifbar sein, dann konsultiert man das Internet. Also: Lieber fortgehen und eine Nacht drüber schlafen und als Nachtlektüre ein „Wie helfe ich mir selbst"-Buch nehmen, statt einsam in der Garage zu verzweifeln, bis sich Wut und Resignation aufbauen. Deswegen gehe stets mit Ruhe und Gelassenheit ans Werk!

5. Funktionsweise des Zweitaktmotors

I. Das Ansaugen

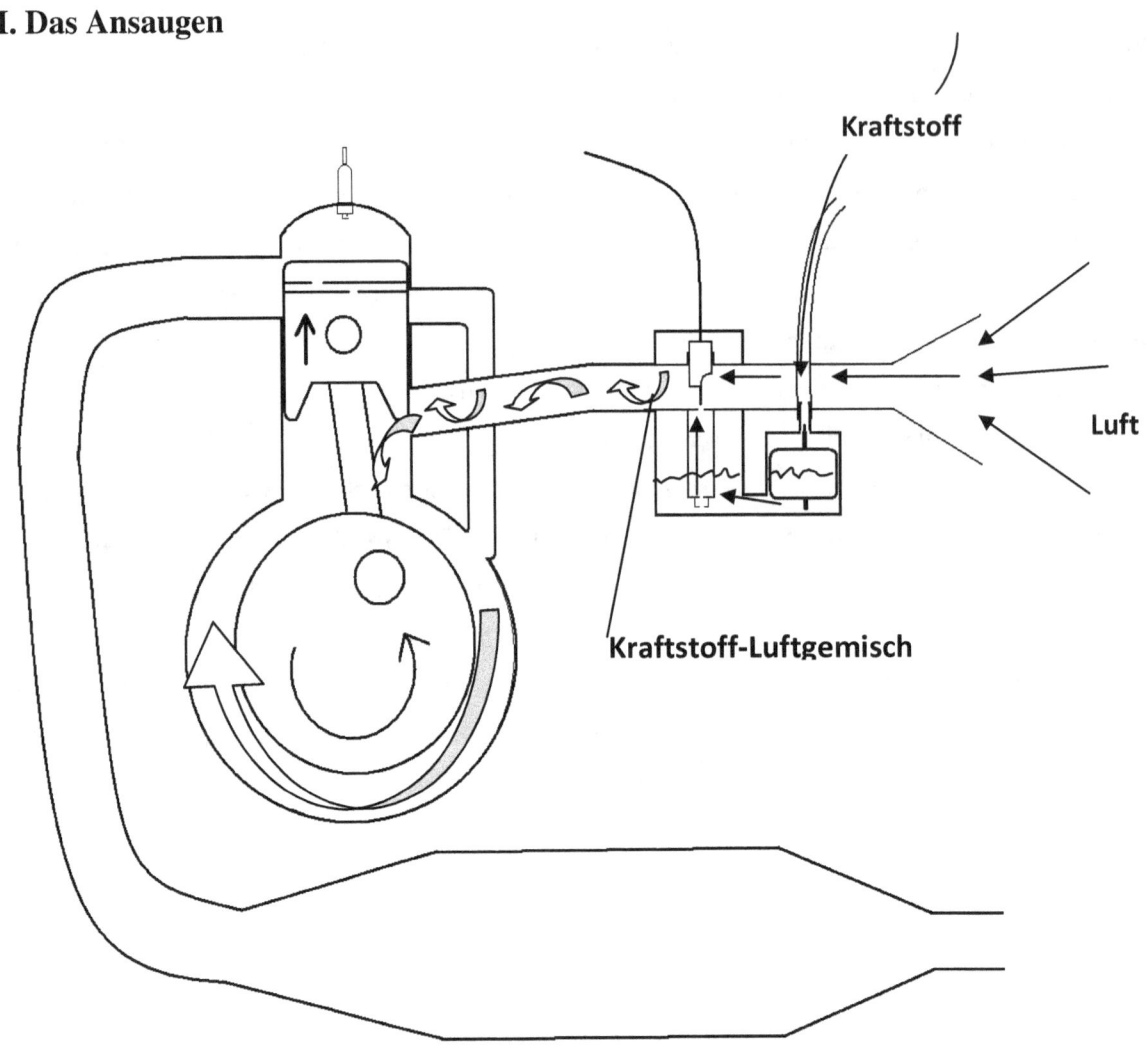

Abb. 1: Das Ansaugen

Durch die Drehbewegung der Kurbelwelle bewegt sich der Kolben geradlinig nach oben. Das Kolbenhemd öffnet an einem bestimmten Zeitpunkt (Steuerzeiten) den Einlasskanal. Das im Vergaser bereitgestellte Kraftstoff-Luftgemisch kann nun in den Kurbelwellenraum einströmen, in welchem ein Unterdruck herrscht.

II. Das Überströmen

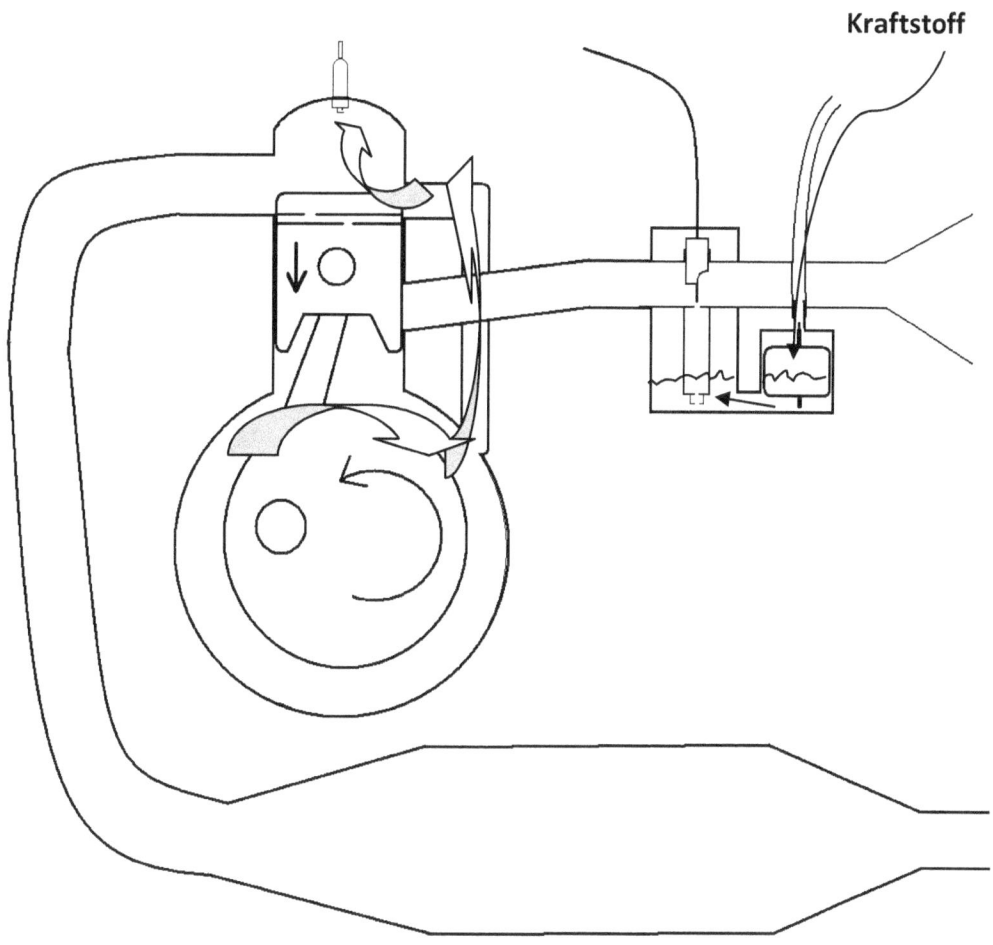

Abb. 2: Das Überströmen

Der Kolben bewegt sich wieder nach unten. Dabei übt er Druck auf das Kurbelgehäuse aus und verdichtet das Kraftstoff-Luftgemisch, welches sich nun dort befindet (Vorverdichtung). Der Kolben gibt oben nun einen anderen Kanal frei, den Überströmkanal. Dies geschieht wieder zu einem bestimmten Zeitpunkt (Steuerzeiten). Das unter Druck stehende Kraftsoff-Luftgemisch aus dem Kurbelwellenraum hat nun eine Möglichkeit sich auszubreiten und strömt durch den Überströmkanal in den oberen Teil des Zylinders.

Verlust: Die Öffnung des Überströmkanals ist noch eine gewisse Zeit geöffnet, obwohl der Kolben nach dem unteren Totpunkt bereits seine Drehrichtung geändert hat. Der Kolben bewegt sich aufwärts und verdichtet bereits das Kraftstoff-Luftgemisch. Wegen des dabei entstehenden Drucks versucht das Kraftstoff-Luftgemisch zu entweichen und kann dies über den noch kurzzeitig offenen Überströmkanal tun. Somit steht diesem Arbeitstakt wieder nicht 100% seines angesaugten Kraftstoff-Luftgemischs zur Verfügung.

III. Verdichten und Zünden

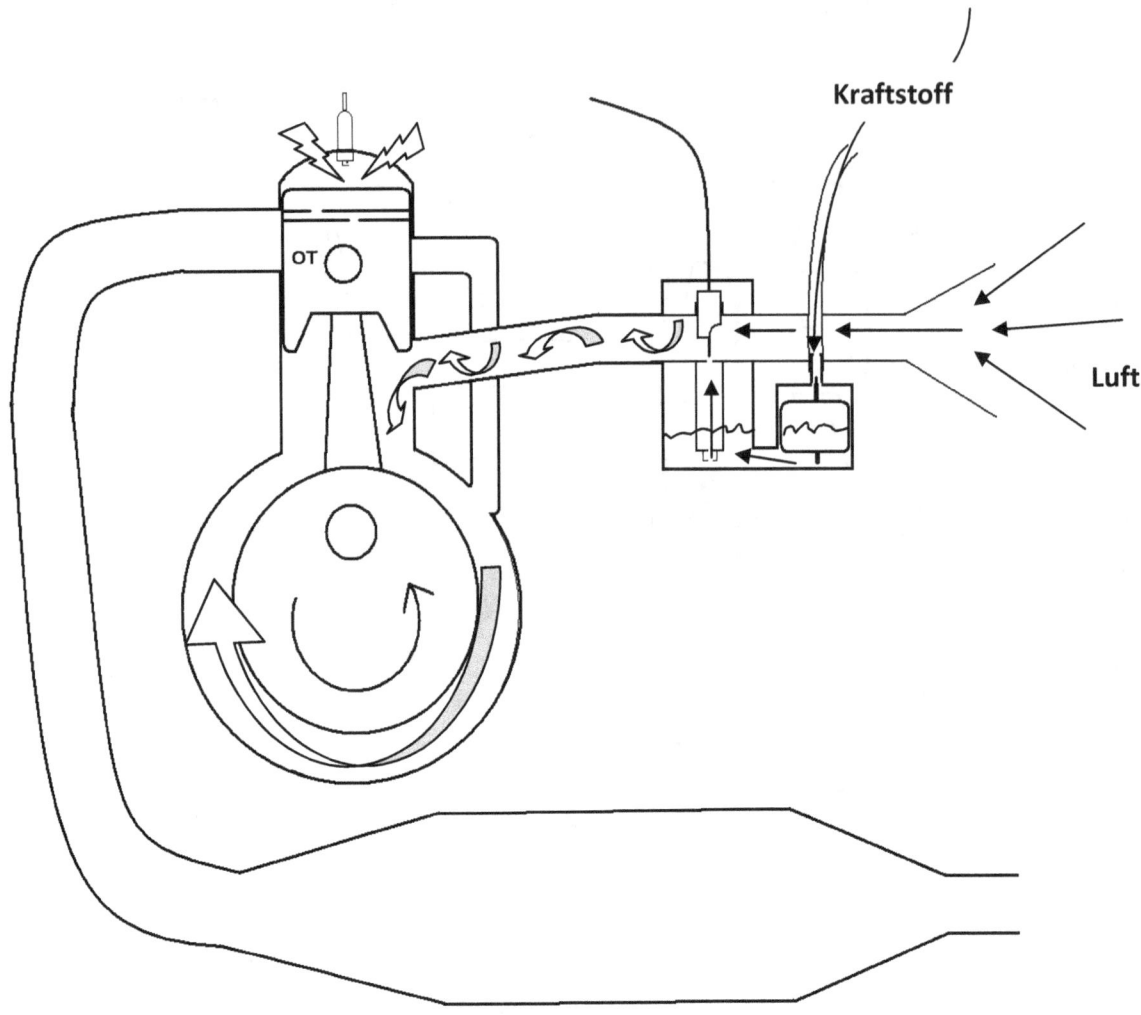

Abb. 3: Verdichten und Zünden

Der Kolben befindet sich am oberen Totpunkt und die Zündkerze entzündet das stark verdichtete Kraftstoff-Luftgemisch. Zum selben Zeitpunkt öffnet der Kolben an seiner Unterseite wieder den Einlasskanal und neues Kraftstoff-Luftgemisch aus dem Vergaser strömt in das Kurbelgehäuse. Der erste Takt ist also noch nicht völlig abgeschlossen und der zweite Takt beginnt bereits. So kommt der Zweitakter zu seinen Namen, er verrichtet zwei Arbeitstakte gleichzeitig.

Verlust: Bei der Umkehr des Kolbens nach dem oberen Totpunkt ist der Einlasskanal nicht sofort verschlossen. Der ansteigende Druck im Kurbelgehäuse sorgt dafür, dass ein geringer Anteil Kraftstoff-Luftgemisch wieder in den Einlasskanal und den Vergaser zurückgedrückt wird. Spätere Membran-Einlass-Systeme oder Rückdruckbehälter versuchen diesem Problem beizukommen.

IV. Ausstoßen

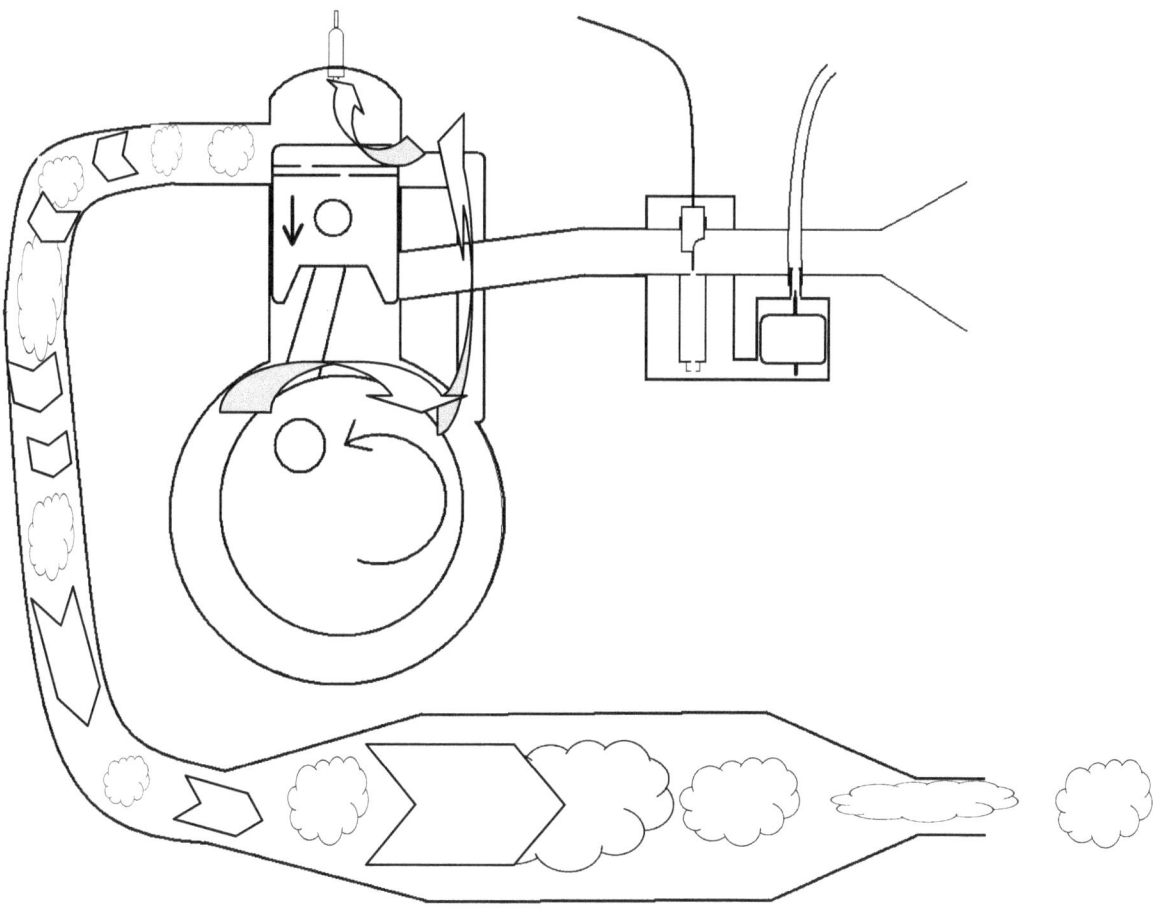

Abb. 4: Ausstoßen

Die Verbrennung hat stattgefunden und der Kolben wird durch die dabei entstandene Kraft nach unten befördert. Dabei öffnet er an einem bestimmten Zeitpunkt (Steuerzeiten) den Auslasskanal zum Auspuff. Die Abgase strömen nun aus dem Zylinder, zusätzlich verdrängt von dem frischen Kraftstoff-Luftgemisch, welches zeitgleich durch den Überströmkanal in den Zylinder strömt (wieder ein zweiter Arbeitstakt zur selben Zeit). Die Abgase, welche nun durch die Trichterförmige Form des Auspuffs regelrecht hinaus „gesaugt" werden, werden von den Schallwellen der Explosion begleitet.

Verlust: Aufgrund des Totraumes im Kurbelgehäuse kann die gesamte Füllung an frischem Kraftstoff-Luftgemisch niemals überströmen.

IV. Die Wirkung des Resonanzauspuffs

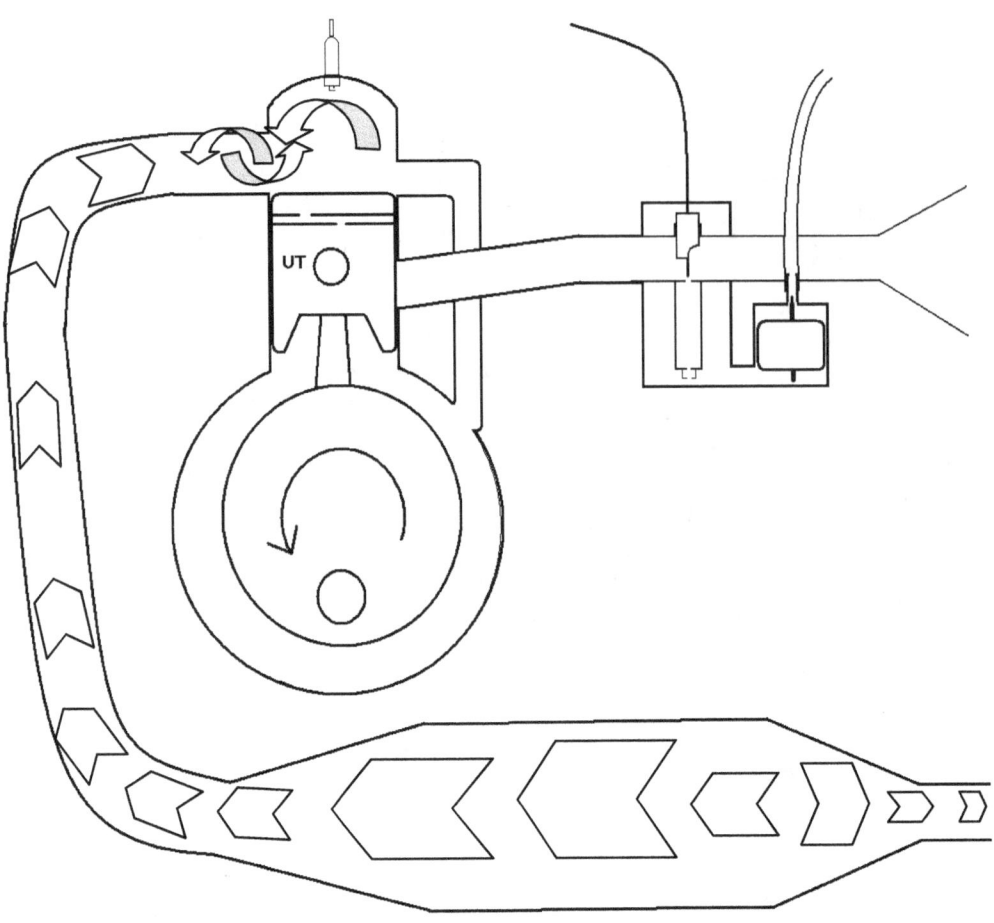

Abb. 5: Die Wirkung des Resonanzauspuffs

Der Kolben befindet sich am unteren Totpunkt und wird als nächstes wieder seine Bewegungsrichtung nach oben ändern. Die Kraftstoff-Luftgemisch-Füllung aus dem Kurbelgehäuse ist nun nahezu vollständig in den Zylinder übergeströmt. Es hat den Zylinderraum vollständig eingenommen und da der Auslasskanal zum Auspuff immer noch geöffnet ist, gelangt auch frisches Kraftstoff-Luftgemisch in den Auspuff. Diese Verluste wären enorm und würden die Leistung des Zweitakters stark mindern, wenn der Auspuff nicht seine besondere Resonanzfunktion hätte. Die bei der Verbrennung entstandenen Schallwellen des vorangegangenen Arbeitstaktes werden vom Gegenkonus des Auspuff größtenteils reflektiert und bewegen sich wieder zum Zylinder zurück. Dort verringern sie die Verluste des frischen unverbrannten Kraftstoff-Luftgemischs auf ein Minimum, weil sie mit ihrem Druck diesen wieder in den Zylinder pressen.

Verlust: ein Anteil an frischem Kraftstoff-Luftgemisch geht immer unverbrannt verloren.

6. Der RT - Motor

Der RT-Motor besteht aus einem vertikal geteilten Motorengehäuse aus Leichtmetallguss. Kurbelgehäuse und Getriebe befinden sich hier in einem Block. Motor und Getriebe sind über einen Primärtrieb verbunden, die Kraftübertragung verrichtet eine Hülsenkette. Der Zylinder ist durch Kanäle gesteuert. Es gibt einen Ein-, einen Auslass- und zwei Überströmkanäle, welche vom Kolben geöffnet und geschlossen werden.

Die Zschopauer RT-Motoren haben sich von Generation zu Generation stets weiterentwickelt. Dabei wurde hauptsächlich die Leistung gesteigert, indem man die Verdichtung verbesserte. So kam die RT 125/0 mit einer Kompression von 6 : 1 daher, die RT 125/3 im Gegensatz mit 8 : 1. Weiterhin wurde der Vergaser verbessert. Hatten die ersten Modelle noch einen Vergaser-Durchmesser von 17 mm und waren mit einem Flachschieber ausgestattet, so warteten die späten Modelle bereits mit 22 mm - Vergasern und Rund-Schiebern auf. Auch an der Übersetzung wurde kontinuierlich gefeilt, bis die üblichen 3 – Gang - Motoren durch einen 4 – Gang - Motor abgelöst wurden. Die RT 125/2 erhielt zudem noch andere Steuerzeiten. Insgesamt steigerte sich die Leistung von der /0 1950 bis zur /3 1955 4,75 PS auf 6,5 PS.

7. Ausbau des Motors

Bevor mit dem Motorausbau begonnen wird, sollte man ihn zunächst grob reinigen. Wenn das Motorrad aufgebockt ist, kann man mit einer Drahtbürste die Unterseite des Motors hervorragend vom groben Dreck befreien. Anschließend löst man alle Kabelverbindungen, die zum Motor führen. Das heißt, dass man den rechten Motordeckel abnehmen muss und die Lichtmaschinenkabel löst. Hierbei schlägt man zwei Fliegen mit einer Klatsche, denn beim Abbauen des Lima-Deckels befreit man den Motor sogleich auch vom Kupplungsbowdenzug. Das Zündkabel ist ebenfalls abzuziehen. Damit ist die Arbeit am rechten Deckel noch nicht getan: Solange die Kette noch montiert ist, lässt sich auch ganz gut ohne Spezialwerkzeug und Haltevorrichtung das Ritzel, auch Antriebskettenrad genannt, entfernen. Mit einem ordentlichen Meisel und vorsichtigen und gezielten Hammerschlägen lässt sich das Sicherungsblech des Ritzels sauber umlegen. Nun nimmt man den passenden Ringschlüssel zur Hand und steckt ihn auf die Haltemutter des Ritzels. Einen Kumpel ruft man nun herbei, welcher das Hinterrad belasten soll, dann kann man die Mutter lösen. Aber Vorsicht, hier handelt es sich um ein Linksgewinde! Eine andere beliebte Methode ist das Kontern des Ritzels durch Einlegen des ersten Ganges. Dies sollte grundsätzlich vermieden werden, denn auch Dirk Wildschrei[1] spricht bei diesen Methoden von der Gefahr des Verbiegens von Wellen. Denn blockiert man auf diese Weise den Motor, kommt es im Innern des Motors zu einem Kräftespiel, bei dem nach Darwin's

---

[1] WILDSCHREI, Dirk. Das große gelbe MZ-Schrauberbuch. (2009). S. 149 f. u. 153.

Evolutionstheorie immer das Schwächere nachgibt.

Man entfernt die gelöste Mutter allerdings noch nicht. Zunächst dreht man langsam am Hinterrad, bis man das Kettenschloss am Ritzel zu Gesicht bekommt. Dieses öffnet man und legt das Ritzel frei. Jetzt kann es problemlos entfernt werden. Nun kann man auch umstandsfrei an die Befestigung für die Leerlaufanzeige heran. Diese ist zwischen den Kettensträngen links vom Ritzel befestigt und einfach abzuschrauben. Beim späteren Herausnehmen des Motors ist darauf zu achten, dass dieses einzelne Kabel definitiv vom Motor entfernt ist und man es nicht etwa abreißt.

Kette mit Kettenschloss, Ritzel und Befestigung der Leerlauf-Anzeige.

Wenn man bei diesen Arbeiten einmal vor der rechten Motorseite kniet, kann man natürlich auch gleich die Lichtmaschine vollständig ausbauen und erspart sich somit diesen Arbeitsschritt später.

Bevor es jetzt ans Eingemachte geht, sind noch der Luftfilter und der Vergaser abzubauen. Nun steht dem Motorausbau nichts mehr im Wege. Man löst die drei Schrauben, welche den Motor im Rahmen halten. Zwei hinten am Motor, oben und unten, eine vorne. Nun kann man den Motor herausheben. Wenn man das Öl ablässt, sollte man stets ein brauchbares Gefäß bereithalten. In diesem Falle hätte man das Öl auch im eingebauten Zustand ablassen können. Das spielt keine Rolle. Im ausgebauten Zustand kann man den Motor allerdings noch ein wenig hin und her bewegen und auch die hartnäckigen Ölpfützen aus dem Gehäuse ablassen. Beim Lösen der Ölablassschraube ist es stets wichtig, dass man „kopfüber" denkt. Viele Schrauber haben dies schon nicht beachtet und die Ölablassschraube immer fester gezogen, statt sie zu lösen. Die vielen Motorengehäuse auf dem Schrott sprechen für sich, denn entweder hat das Gewinde nachgegeben oder die Ölablassschraube ist abgerissen.

Nun lassen wir den Motor in aller Ruhe „ausbluten". Es hat sich bewährt, eine alte große Bratpfanne als Ölauffangbehälter zu wählen. Man kann den Motor bequem auf den Wänden der Pfanne abstellen und es geht wegen der Größe des Gefäßes nichts daneben. Übrigens: Riecht das Öl nach Benzin oder ist erstaunlich flüssig, so sind die Dichtungen oder Wellendichtringe garantiert hinüber. Denn über diese undichten Stellen gelangt Kraftstoff aus dem Kurbelwellenraum in den Getrieberaum.

8. Demontage von Zylinder und Kolben

In diesem Stadium gibt es jetzt nochmal die Möglichkeit, den Motor etwas intensiver zu reinigen. Denn jeder Schmutz könnte später hinderlich sein.

Die Befestigungsmuttern am Zylinderkopf.

Um den Zylinder zu demontieren, müssen die vier M6 - Muttern von den Stehbolzen gelöst werden. Wenn Muttern und Stehbolzen in einem guten Zustand sind, ist dies mit einem Steckschlüssel oder einer Nuss schnell getan. Beim Lösen und auch beim wieder zusammenbauen ist zu beachten, dass die Muttern immer über Kreuz angezogen und gelöst werden. Bei einseitigem Lösen könnte sich der Zylinderkopf verziehen und schon die kleinste Abweichung sorgt dafür, dass er nicht mehr richtig abdichtet und neu geplant werden muss.

Bei schwierigen Scheunen-Funden ist es aufgrund von Korrosion und Oxidation sehr gut möglich, dass die Muttern und die Stehbolzen enorm festgegammelt sind. Es kann passieren, dass sie brechen. In diesem Falle sogar ganz gut für uns, weil wir dann hoffentlich nach Demontage des Zylinders den Stumpf des Stehbolzens mit der Zange herausdrehen können und später durch einen neuen ersetzen. Rührt sich allerdings gar nichts, dann muss man wieder mit Rostlöser und Kriechöl ans Werk. Dieses trägt man dann überall da auf, wo sich der schwere Patient zeigt. Hierbei ist ein Blick zwischen die Kühlrippen des Zylinders empfehlenswert, denn dort zeigt sich hier und da auch mal ein Stück Stehbolzen im Freien. An diesen Stellen ist in den meisten Fällen auch die Ursache der festgegammelten Stehbolzen auszumachen. Der Zylinder hat oberflächig Rost angesetzt und sich auf diese Weise mit den Stechbolzen „verbissen". Hat man das Öl aufgetragen und wirken lassen, kann man mit einem alten Bolzen und einem Hammer einen saftigen und gezielten (!) Prellschlag von oben auf den festsitzenden Stehbolzen geben. Die Betonung liegt auf „gezielt", denn ein Abrutschen könnte das Gewinde beschädigen oder Verletzungen am eigenen Leib verursachen. Deshalb ist Vorsicht geboten und mit Bedacht an die Sache heranzugehen.

Zylinder und Stehbolzen.

Durch einen solchen Prellschlag lösen sich meistens die „verbissenen" Stellen und das aufgetragene Öl kann gemächlich dazwischen kriechen und seine Aufgabe erledigen. Auf diese Weise bekommt man eigentlich jeden Stehbolzen gelöst.

Nun kann man den Zylinderkopf abziehen und begutachten. Der Zylinderkopf ist im Innern üblicherweise von Verbrennungsrückständen bedeckt. Diese sollte man später entfernen und den Zylinderkopf ordentlich säubern. Dabei achtet man darauf, ob der Kopf Einschläge aufweist. Dasselbe macht man mit dem Kolben. Machen beide einen guten Eindruck, dann ist vorerst alles bestens. Erkennt man aber Einschläge, so spricht dies dafür, dass die Maschine einmal einen schlechten Tag erlebt hat. Solche Einschläge entstehen meist durch Fremdkörper oder Teile des Kolbens oder der Kolbenringe, welche in das Kurbelgehäuse gelangt sind. Besonders interessant wird es, wenn beispielsweise im Zylinderkopf Einschläge wie auf einer Mondlandschaft erkennbar sind, der Kolbenboden allerdings unversehrt ist. Diese Beobachtung macht dann eine Aussage darüber, dass am Motor oder zumindest am Zylinder sehr wahrscheinlich schon einmal Reparaturen stattfanden.

Im Folgenden kann man mit Bedacht den Zylinder abziehen. Hierbei ist darauf zu achten, dass der Kolben nicht unnötig auf das Motorengehäuse aufschlägt, sobald er aus dem Zylinder herausgelangt. Besser ist es, auf halbem Wege des Zylinders einen sauberen Lappen unter den Kolben zu stopfen, damit er sanft aufliegt. Den Kolben kann man auch ohne Spezialwerkzeug abbauen. Dazu entfernt man mit einer Spitzzange oder einer Sprengringzange die Sicherungsclips. Der Kolbenbolzen sitzt für gewöhnlich straff im Kolben und „schwimmend" im Pleuelauge. Um den Bolzen ohne große Gewalt zu entfernen, ist es hilfreich den Kolben zu erwärmen. Mit dem Spezialwerkzeug zum herausdrücken des Kolbenbolzens ist dies leichter getan. Doch nicht jeder hat solch ein Werkzeug in seinem Fundus. Deshalb bedient man sich nach erwärmen des Kolbens eines passenden Dorns oder Bolzens, welcher bündig auf dem Kolbenbolzen aufliegt. Mit leichtem Klopfen sollte der Bolzen Stück für Stück kommen. Dabei ist darauf zu achten, dass man die Messingbuchse im Pleuelauge nicht beschädigt. Zeitgenossen die bei dieser Arbeit ihre Ungeduld mit Kraft kompensieren wollen, tun damit dem Kolben und dem Pleuel nichts Gutes. Zu kräftige Schläge können im schlimmsten Fall das Pleuel verziehen oder das untere Pleuellager beschädigen. Auch könnte bei zu großem Kraftaufwand der Kolben gegen die Stehbolzen stoßen und böse Riefen davontragen. Besser ist es also, mit Geduld, leichtem Drücken und Klopfen den Bolzen Stück für Stück zu treiben und dabei mit einer Hand den Kolben so zu halten, dass er nirgendwo anstößt oder das Pleuel belastet wird.

Nun heißt es wieder erstmal die Teile zu prüfen. Sind noch beide Kolbenringe auf dem Kolben? Hat der Kolben Riefen, Risse oder sonstige Oberflächenveränderungen?

Auf dem Kolbenboden befindet sich eine beachtliche Schicht von Ruß und Kohle. Ebenfalls ist zu bemerken, dass sich die Verbrennungs-rückstände auch bis weit unter die Kolbenringe hinziehen. Dies ist ein Zeichen für eine lange Laufleistung –

die Kolbenringe sind verschlissen und gewähren sicher nicht mehr die angedachte Kompression.

Verfärbte Stellen im Material des Kolbens sind Flächen, wo der Kolben zu heiß gelaufen ist. Man nennt diese Verhärtungen auch Klemmerspuren. Analog zu solchen Erscheinungen dürfte das Spiegelbild im Zylinder zu finden sein. Im schlimmsten Fall heißt es dann, dass der Zylinder geschliffen werden muss und ein neuer Kolben her muss. Aber bei weniger gravierenden Narben am Kolben, ist es oft schon hilfreich, diese Stellen zu bearbeiten. Dies ist schon mit einer Schlüsselfeile oder feinem Schleifpapier getan. Eine Anleitung dazu findet sich in nahezu jedem MZ-Buch. Nach dem Entfernen der Klemmerspuren sind Zylinder und Kolben gründlich von Span und Schmutz zu reinigen.

Ein modifizierter Kolben für einen Rennmotor, der ein Narbengesicht von Klemmspuren hat.

Ein Kolben der unvorsichtig montiert wurde. Am Kolbenhemd ist ein Stück herausgebrochen, vermutlich hat hier das Pleuel dagegen gedrückt.
Man beachte weiterhin die Riefen im Kolbenhemd!

Die Kolbenringe zieht man ab, indem man den geschlossenen Teil auf eine Unterlage auflegt oder gegen den Brustkorb drückt. Normalerweise gibt es hier wieder ein Spezialwerkzeug, es genügen aber auch die Fingernägel. Mit den Fingernägeln wird vorsichtig die offene Seite des Kolbenringes aufgezogen. Aber nur ein kleines Stück. Ist der Kolbenring dadurch so geweitet, lässt er sich wie ein Hula Hoop – Reifen über die Nuten am Kolben bewegen. Diese Arbeit ist pure Nervensache und etwas zu wenig Geduld fügt dem Kolben böse Schrammen zu und etwas zu viel Kraft lässt den Kolbenring brechen. Hat man die Kolbenringe auf diese Weise entfernt, so merkt man sich unbedingt, wie herum und in welcher Reihenfolge sie aufgezogen waren. Bei einem möglichen Wiedereinbau ist dies unbedingt nötig! Den Verschleiß der Kolbenringe kann man prüfen, indem man sie in den Zylinder einlegt. Wenn man sie ein kleines Stück mit dem Kolben schiebt, richten sie sich im Zylinder aus. Nun lässt sich am Zusammenstoß der Ring-Enden ein gewisses Spiel erkennen. Im Normalfall sollte dieses Spiel 0,4 mm nicht überschreiten. Mit einer Fühllehre ist dies leicht zu prüfen. Ist das empfohlene Maß überschritten, ist der Kolbenring zu sehr verschlissen. Ist es deutlich weniger, so hat der Kolbenring bei Erwärmen keine ausreichende Möglichkeit zur Ausdehnung und kann einen Kolbenklemmer verursachen. Im schlimmsten Fall bricht er dann, beschädigt Kolben und Zylinder und wandert Bruchstückweise in den Brennraum, wo er von der laufenden Maschine regelrecht zermahlen wird. Hierbei erzeugt er die beschriebene Mondlandschaft auf Kolben und Zylinderkopf, ehe er im Auspuff verschwindet.

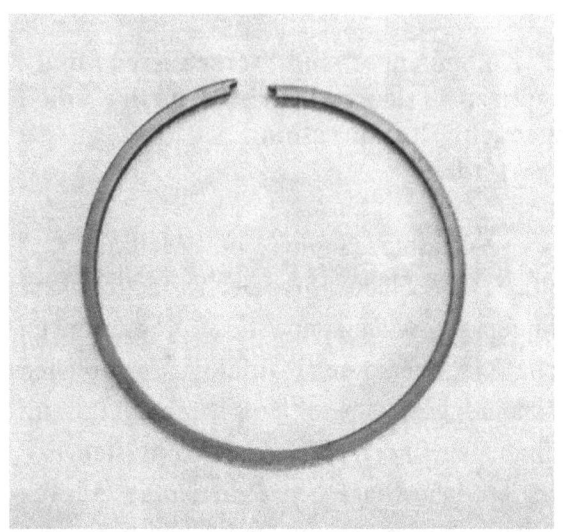

Dieser Kolbenring hat seine besten Tage hinter sich. Der Verschleiß hat ihn ovalförmig gemacht und somit ist er unbrauchbar.

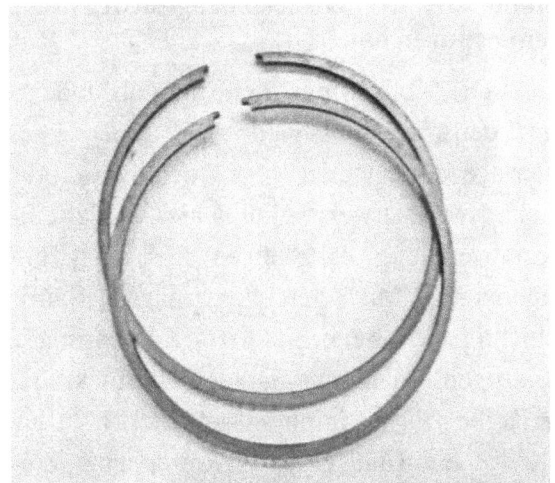

Diese Kolbenringe sind unter-schiedlich stark verschlissen. Der untere dürfte im Zylinder noch genug Spannung haben, ist aber stark eingelaufen, erkennbar an den rasiermesserscharfen Enden. Der obere ist in seiner Spannung sehr ermüdet.

Die Kolbenringnuten im Kolbenhemd werden ebenfalls untersucht. Die Stifte, welche die Kolbenringe in ihren angedachten Positionen halten, dürfen nicht zu sehr abgenutzt sein, weil der jeweilige Ring sich ansonsten verdrehen könnte. Bei einem Verdrehen ist es wahrscheinlich, dass sich eine Kante des offenen Endes in einem Kanal verhakt und der Kolbenring bricht. Aus diesem Grunde ist beim Wiedereinbau des Kolbens unbedingt die Pfeilrichtung auf dem Kolbenboden zu beachten. Diese muss immer zum Auslass zeigen. Wird diese nicht beachtet, so ist es umso wahrscheinlicher, dass sich ein Kolbenring in einem Kanal verhakt. Ist auch nur einer der erwähnten Stifte zu sehr verschlissen, muss ein neuer Kolben her. Hat die Zylinder – Kolben – Kombination aber bereits schon eine zu hohe Laufleistung erlebt, muss der Zylinder ebenfalls geschliffen werden. Bei zu hoher Laufleistung läuft die Bohrung im Zylinder aufgrund der unterschiedlichen Belastung durch Hitze und Reibung oval ein und ein neuer Kolben würde sich nicht in brauchbarer Weise einfahren. Besser ist es immer, beide Komponenten zugleich zu tauschen und immer miteinander gelaufene Bauteile zu verwenden. Aber zurück zu den Kolbenringnuten im Kolbenhemd. Diese sind meisten von Verbrennungs- und Ölrückständen gesäumt. Mit einem ganz kleinen Schraubenzieher oder einer Nähnadel lassen sich diese Nuten wieder freikratzen.

Dieser Kolbenring wurde in seinen Zylinder eingelegt. Das Ring-Stoß-Spiel ist hier sehr gut zu sehen. Die Größe des Spaltmaßes ist nun zu ermitteln und am Ende wird darüber entschieden, ob er noch tauglich ist.

Diese Kolbennut ist von Verbrennungsrückständen zu reinigen.

9. Ausbau des Primärtriebs

Nachdem das Öl abgelassen ist, entfernt man Ganghebel und Kickstarter und dann kann man den rechten Motordeckel abschrauben. Nun hat man den Primärtrieb mit der Kupplung vor Augen. Die Kraft wird durch eine Hülsenkette übertragen. Diese darf nicht zu locker und auch nicht zu straff auf dem Primärtrieb sitzen. Sitzt die Kette zu lose und lässt sich übermäßig weit von den Verzahnungen des Primärtriebs abheben, ist sie zu sehr verschlissen und muss durch ein Neuteil ersetzt werden. Im gleichen Zuge wird die Verzahnung der Primärräder begutachtet. Ist diese zu scharf und zu spitz, ist sie ebenfalls zu sehr verschlissen und sollte ersetzt werden. Hier gilt ebenfalls, dass es immer am besten ist, alle Teile zeitgleich zu ersetzen, die auch miteinander laufen.

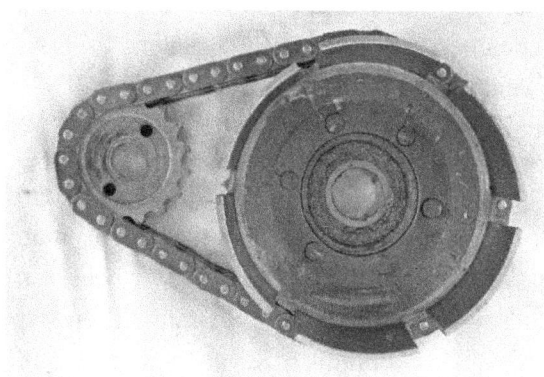

Man legt den Motor auf die rechte Seite, um besser an der Kupplung arbeiten zu können. Um die Stifte der Federn zu lösen, gibt es viele Methoden und zahlreiche Werkzeuge, die so mancher Schrauber ersonnen hat. Es geht aber auch ohne Spezialwerkzeuge. Man nimmt eine Spitzzange und eine Kombizange. Die Kombizange hat man etwa 2 mm geöffnet, damit der zu entfernende Stift die nötige Luft hat, frei zu liegen. Nun drückt man mit der Zange auf den Teller, welcher unter dem jeweiligen Stift liegt und den Druck der Feder aufnimmt. Hier ist etwas Kraft von Nöten, aber wer den Dreh raus hat, wird sich mit dieser Methode anfreunden. Hat man nun durch Drücken die Teller etwas von der Federkraft entlastet, sieht man, wie sich im Idealfall der Stift schon von selbst rührt. Nun ist mit etwas Geschick mit der anderen Hand die Spitzzange heranzuführen und der Stift herauszuziehen. Wer dieser multiplen Aufgabe nicht gewachsen ist oder mit einer Hand nicht genug Kraft aufbringt, die Federn zu drücken, holt sich wieder einen Kumpel an die Werkbank, der ein wenig behilflich ist. Dies macht man nun über Kreuz mit allen sechs Federn.

Ist diese Arbeit getan, werden wieder die Bauteile geprüft. Die Federn müssen eine einheitliche Länge von 48 – 49 mm im entspannten Zustand haben. Bei Abweichungen sind diese durch bessere Teile zu ersetzen.

Hat man die Einzelteile aus dem Kupplungskorb herausgenommen, sieht man die Befestigungsmutter. Hier ist wieder ein Sicherungsblech umzulegen. Beim Lösen der Mutter ist ebenfalls wie beim Ritzel ein Linksgewinde zu beachten. Bei dieser Arbeit kommt man allerdings nicht drum herum, ein Spezialwerkzeug zu nutzen. Jede andere Methode müsste Misserfolg oder Schäden mit sich führen. Das Spezialwerkzeug ist allerdings einfach besorgt, wenn man schweißen kann und eine alte Kupplungs-Stahllamelle übrig hat. An dieser wird ein stabiler Griff angeschweißt. Beim Lösen der Mutter im Kupplungskorb wird dieses Spezialwerkzeug ebenfalls in den Kupplungskorb eingelegt und mit starker Hand am Griff das Verdrehen des Ganzen verhindert.

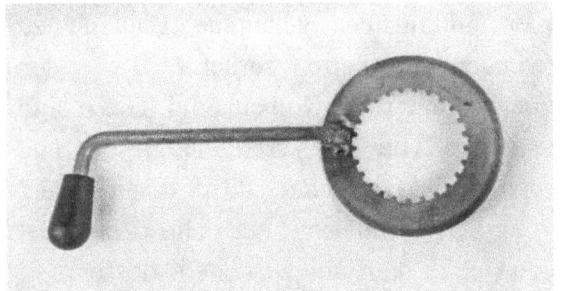

Eine Kupplungs-Stahllamelle und ein stabiler Griff werden miteinander verschweißt und geben somit einen guten Gegenhalter für die Kupplungsmontage ab.

Anstelle der üblichen Stahl-Lamellen legt man diese nun in den Kupplungskorb ein und mit einer Ratsche lässt sich die Befestigungsmutter lösen (Achtung: Linksgewinde!). Mit dem Gegenhalter wird der Kupplungs-Korb am Drehen gehindert.

Nun wird noch das kleine Primärrad entfernt. Sicherungsblech umlegen, Mutter lösen (Linksgewinde) und wieder mit dem Gegenhalter im Kupplungskorb das Ganze gegen Verdrehen sichern. Das vordere Primärrad sitzt allerdings konisch auf dem Kurbelwellenstumpf. Das heißt, es ist im Inneren Kegelförmig, ebenso wie die Kurbelwelle und beim Verschrauben verpressen sich diese Bauteile miteinander. So eine konische Verbindung hält ungeheure Belastungen aus. Mit herkömmlichen Mittel ist dem nicht beizukommen. Das kleine Primärrad muss also mit einem Abzieher von der Kurbelwelle gelöst werden. Beim Wiederzusammenbau ist unbedingt zu beachten, dass diese Teile an ihren Verbindungsstellen vollkommen und 100%ig fettfrei sind, da sonst eine erneute konische Verbindung nicht zustande kommt, wenn man das Primärrad festschraubt. Die Verbindung würde den Belastungen des Motors nicht standhalten. Man bekommt diese Flächen sauber und fettfrei, wenn man sie in mehreren Gängen mit Bremsenreiniger und sauberen Zellstoff bearbeitet. Nach der Reinigung aber unbedingt Finger weg von den Flächen! Denn selbst sauber gewaschene Hände können einen von Hause aus natürlichen Fettfilm besitzen. Ob eine Berührung so gravierend wäre, will nicht herausgefunden werden.

Schlussendlich zieht man den Kick-Startermechanismus aus seinem Platz im Gehäuse. Beim Wieder-zusammenbau muss die Feder im Uhrzeigersinn aufgezogen werden, indem man die Kickstarterwelle dreht. Federende und Halbmondver-Zahnung der Kickstarterwelle werden dann an den vorgesehenen Stellen am Gehäuse gekontert.

Großes Primärrad mit Kickstarterrad.

10. Motor zerlegen

Zu Beginn löst man ALLE Gehäuseschrauben. Ist der Motor nicht gründlich gereinigt, passiert es schnell, dass man eine übersieht. Festsitzende Gehäuseschrauben lösen sich im schlimmsten Fall, indem man ihnen im Voraus mit Hammer und Dorn einen Prellschlag auf den Schraubenkopf gibt. Hierbei ist Vorsicht geboten, weil man das Gehäuse ja nicht beschädigen möchte.

Dies ist keine Gehäuseschraube!!! Also bitte nicht mit Gewalt oder Aufbohren probieren. Dieser vermeintliche Schraubenkopf gehört zur Schaltwelle und wird bitte ignoriert!

Man darf auch unbedingt nicht vergessen, die Passhülsen in der Motoraufhängung heraus zu treiben. Diese befinden sich in den oberen Motoraufhängungen jeweils vorn und hinten und sind nach links mit einem Dorn und einem Hammer herauszustoßen. Ist das Moped zu sehr korrodiert, können diese schon einmal etwas fester sitzen. Hier hilft wieder Kriechöl, Wärme und Einwirkzeit.

Weil es sich bei den RT-Modellen um ein vertikal geteiltes Motorengehäuse handelt, ist der Motor nur mit Wärme zu zerlegen. Wärme ist vielleicht der falsche Ausdruck, Hitze trifft es wohl eher. Da hat man schon viele Möglichkeiten gesehen. Manche Schrauber gehen mit einem Gasbrenner an den Motor heran, andere packen ihn gar in Muttis Backofen. Es hat sich aber auch bewährt, den Motor auf eine alte Kochplatte zu stellen und einfach ein wenig vor sich hin garen zu lassen.

So kann der Motor schön garen. Den Vorgang kann man mit einem Heißluftföhn natürlich auch beschleunigen.

Wer beim Reinigen des Motors geschlampt hat, bekommt jetzt die Quittung für seine Nachlässigkeit. Denn Dreck von LPG-Äckern und Geländefahrten, Ölreste und andere Rückstände beginnen jetzt so richtig aufzublühen und hüllen die Werkstatt in eine stinkende, beißende Rauchwolke. Also doch lieber ein paar Minuten mehr investieren und den Motor gründlich säubern.

Der Motor sollte für die weiteren Arbeiten eine Temperatur von 100°C erreichen. Ob diese Temperatur erreicht ist, verrät ein unkonventioneller Test: Man vergisst einfach kurz, was man in der Kinderstube gelernt hat und spuckt auf das Gehäuse. Fängt die Spucke sogleich an zu blubbern und zu dampfen, dann hat man die nötige Temperatur erreicht.

An den stabilen Armen der Motoraufhängung befinden sich sogenannte Passflächen. Dies sind Einkerbungen, welche sich weit ab der Dichtflächen befinden. Ist der Motor ordentlich erwärmt, so geht man mit einem Schraubenzieher gleichmäßig in diese Flächen vorn und hinten am Gehäuse und hebelt mit Gefühl. Ist das Gehäuse ausreichend warm, sollte es geschmeidig auseinanderrutschen. Sind schon einmal in früheren Jahren Reparaturen vorgenommen worden, hat häufig ein übereifriger Schrauber Dichtmasse zum Einsatz gebracht. Diese Dichtmasse, auch „Bärendreck" genannt, ist meistens auch genauso stark und zäh wie ein Bär. Sie klebt entschlossen an den Dichtflächen und den Gehäusehälften und will auf Teufel komm raus den Motor daran hindern, auseinanderzugleiten. In diesem Fall helfen ein paar leichte Schläge mit einem Gummihammer auf den Kurbelwellenstumpf und der Antriebswelle. Das Hebeln oder Nachhelfen mit dem Gummihammer sollte stets gleichmäßig geschehen, weil sich die Gehäusehälften sonst verkanten, was die Arbeit schwerer macht und auch Schäden herbeiführen kann.

Auch beim Entfernen der alten Lager ist mit Wärme zu arbeiten, hierzu wird mit einem Heißluftföhn das Gehäuse um das Lager herum erwärmt. Es dehnt sich aus und das kühlere Lager sitzt beweglicher in seinem Sitz. Mit einem Hammer und einem Dorn ist das Lager dann einfach herauszuschlagen. Kreisförmige Schläge auf dem Lager-außen-Ring sorgen für ein gleichmäßiges Rutschen des Lagers und der Lagersitz wird nicht beschädigt. Genauso funktioniert auch der Einbau, nur hier hat man den Vorteil, dass man das neue Lager getrennt vom Gehäuse besser temperieren kann. Die Lager kann man zum Beispiel in ein Eisfach packen oder mit Eis-Spray kühlen. Das Gehäuse hingegen wird wieder erwärmt. Das neue Lager dürfte ohne Probleme in seinen Lagersitz zu schieben sein und wenn sich die Temperaturen angleichen, sollte es fest an seiner Position sein. Dieselbe Verfahrensweise gilt auch für die Wellen. Die neuen Wellendichtringe sind ebenfalls in eine erwärmte Umgebung einzubauen. Diese drückt man mit beiden Daumen gleichmäßig und kreisförmig in ihre Position. Viele schwören darauf, vor dem Einbau die Feder aus dem Wellendichtring zu nehmen und die Verbindung der Federenden zu prüfen und nachzuziehen. Gleichfalls ölen oder fetten viele Schrauber die Lauffläche der Welle am Wellendichtring, bevor sie ihn verbauen. Die Zweckmäßigkeit dieser Vorkehrungen klingt immer ziemlich plausibel: „Damit sich die Feder nicht öffnet!" oder „Damit der Wellendichtring nicht zu schnell verschleißt – die Welle soll nicht trocken auf dem Dichtring laufen." Der tatsächliche Nutzen ist dann wohl Ansichts- und Erfahrungssache. Die psychologische Wirkung steht hier im Vordergrund.

11. Motor zusammenbauen

Um den Motor zusammen zu bauen, wird alles bisher Beschriebene in umgekehrter Reihenfolge getan. Wichtig ist, dass die Wellen ordentlich ausgerichtet sind und sich frei drehen können. Dies ist nach Einbau neuer Wellendichtringe und Lager nicht so leicht zu beurteilen, da diese meist straffer laufen als die ausgetauschten. Sind die Motorhälften zusammengeschraubt und die Wellen drehen sich beschwerlich, so hilft es, wenn man das Gehäuse nochmal LEICHT erwärmt (mit dem Heißluftföhn z. B.) und mit dem Gummihammer leichte Schläge auf die entsprechende Welle gibt. Für die Kurbelwelle gilt, dass sie möglichst symmetrisch ausgerichtet sein soll. Schaut man von oben auf die Gehäusebohrung für den Zylinder, so kann man die Position von Pleuel und Kurbelwellenwangen gut beurteilen. Falls diese nicht zufrieden stellend sein sollte, so kann man ebenfalls mit Wärme und Hammer etwas helfen. Allerdings ist mit der Wärme grundsätzlich vorsichtig zu sein, die neuen Dichtungen und Wellendichtringe dürfen nicht beschädigt werden, sonst war die ganze Arbeit für umsonst. Deshalb keine offene Flamme wie aus einem Brenner und auch nicht zu viel Wärme. Ein Heißluftföhn bei mittlerem Betrieb ist hier das beste Mittel.

12. Die Elektrik

Die Elektrik der RT ist wie bei seinen DKW-Vorgängern hauptsächlich im Spulenkasten organisiert. Dieser Spulenkasten aus Bakelit befindet sich auf der linken Seite des Mopeds. Er beinhaltet Zündschloss, Zündspule, Sicherung und Regler. Alle von der Lichtmaschine kommenden Kabel kehren hier ein und alle anderen Leitungen, für die Hupe, Frontscheinwerfer, Rücklicht, Batterie und Zündkabel führen hinaus. Besonders bei sehr verschlissenen Maschinen und Scheunenfunden hat sich hier der Zahn der Zeit ausgetobt. Die Kontakte sind häufig auf übler Art und Weise korrodiert und schon bei kleinen unvorsichtigen Handgriffen brechen die Kabel und Kontakte. Man kommt also meist nicht drum herum, diesen Kasten genau zu inspizieren und zu überholen. Zunächst löst man den Deckel des Spulenkastens, indem man die beiden Zylinderschrauben entfernt. Hier ist wieder viel Vorsicht geboten – man sollte mit dem Schraubenzieher nicht unmäßig viel Druck ausüben, weil sonst das marode Material des Spulenkastens brechen könnte. Meist sind im Vorfeld schon außerordentlich viele Risse erkennbar. So mancher Vorreiter auf diesem Moped hat sich aus diesem Grunde schon mit den interessantesten Sorten Kleber ans Werk gemacht. Die Deckel sind deshalb in den meisten Fällen derart verunstaltet oder beschädigt, dass der Restaurator nicht drum herum kommt, ein neues Gehäuse zu besorgen. Ist das Gehäuse jedoch noch in einem guten Zustand, so sollte man mit Bedacht ans Werk gehen, damit das auch so bleibt. Hat man die Zylinderschrauben entfernt, findet man die wichtigsten Organe der RT-Elektrik auf engstem Raum komprimiert vor.

Zunächst sind die einzelnen Bauteile zu prüfen und zu reinigen. Mit 600er Schleifpapier kann man die Kontaktstellen ein wenig kontaktfreudiger machen. Wenn man Glück hat, ist alles jedoch in einem guten Zustand. Das Zündkabel ist aber allemal auszutauschen, besonders aus dem Grund, weil die Enden grundsätzlich immer oxidiert sind.

Lässt sich das Zündschloss anstandslos durchschalten, ohne das es großartig hakt oder knirschende Geräusche wahrzunehmen sind, dann kann man es mit viel Glück ohne weitere Behandlung wieder in Betrieb nehmen.

Dann wird der Regler einer optischen Prüfung unterzogen. Der Regler ist ein sehr empfindsames Bauteil und an den Kontakten sollte grundsätzlich nicht unnötig oder unwissend gebogen werden. Ist der Regler optisch in einem guten Zustand, so wird er in der Praxis erprobt.

Der Spulenkasten aus Bakelit.

Der RT-Regler.

Der Vorschaltwiderstand einer spä-teren 6V – Lichtmaschine. Die Widerstände auf der Lima gibt es erst ab der RT/3. Die originalen fallen aber gewöhnlich kleiner aus, wodurch meist Missverständnisse entstehen. Grundsätzlich sollten der hohe und der flache Vorwiderstand aber denselben Dienst tun.

13. Der Regler

Der Regler erhält seinen Namen von seiner Tätigkeit – er regelt die elektrische Spannung am Bordnetz des Fahrzeugs. Der Regler der RT/0 - /2 stellt einen Sonderfall dar. Für gewöhnlich befindet sich nämlich in Kooperation mit dem Spannungsregler ein Erreger-wicklungs-Vorwiderstand auf der Lichtmaschine. Bei diesen Modellen ist dieser Widerstand allerdings schon im Regler selbst integriert und auf der Lichtmaschine nicht vorhanden. Dies ist zu beachten, nicht dass ein Schrauber der Meinung ist, er müsse noch einen zweiten Widerstand auf der Lima anbringen.

14. Funktion des Reglers

In den Erregerspulen der Lichtmaschine wird eine elektrische Spannung induziert, welche über Schleifkohlen geleitet wird. Eine Schleifkohle liegt an Masse an (Minus), die andere führt zum Regler (D+). Die Höhe der Spannung, welche die Lima produziert, ist von der Zahl der Umdrehungen des Ankers abhängig, welcher auf der Kurbelwelle befestigt ist. Um diese Spannung, die vom Anker ausgeht, bei jeder dieser Umdrehungszahlen konstant zu halten, nimmt der Regler Einfluss auf den Stromfluss in den Erregerspulen.

Wird nun der Motor angeworfen und im Standgas bei niedrigen Drehzahlen laufen gelassen, bleiben die Kontakte des Reglers in ihrer Ausgangsstellung. Da durch die niedrigen Drehzahlen die Spannung der Lichtmaschine nicht die der Batterie überschreiten würde, wird die Lichtmaschine zunächst aus der Batterie gespeist.

Hier und im Folgenden am Beispiel eines späteren Reglers der MZ-Nachfolgemodelle. Das Prinzip ist aber dasselbe.

Erhöht man nun die Drehzahlen, so übersteigt die Spannung, die von der Lichtmaschine ausgeht, die der Batterie. Der Regler schließt nun durch Induktion den Kontakt (1) für den Rückstromschalter und die Spannung der Lichtmaschine wird in das Bordnetz eingespeist und für die Batterieladung und alle anderen Verbraucher genutzt.

Übersteigen die Drehzahlen diesen Punkt, bewegt sich der Kontakt für die Spannungsregelung (2) vom Kontakt (a) weg und befindet sich auf halbem Wege zwischen (a) und (b). In dieser Stellung erhält die Lichtmaschine reduzierten Bordstrom, weil sie somit in eine Reihe mit dem Erregerwicklungs-Vorwiderstand liegt.

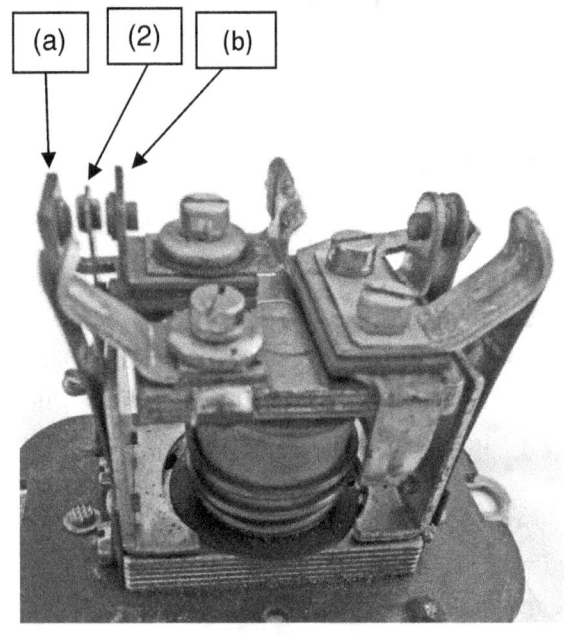

Wenn die Bordspannung zu hoch wird, schließt sich der Kontakt für die Spannungsregelung (2) mit dem Kontakt (b) und Stromfluss ist somit auf Masse geschalten. Von der Lima sollte in dieser Position der Kontakte keine Spannungsproduktion mehr ausgehen.

Kontakt (2) liegt an (b) an

Bei offenem Spulenkasten und laufendem Motor sollten mit bloßem Auge diese Bewegungen der Kontaktbleche über die einzelnen Drehzahlen feststellbar sein. Dazu ist allerdings Erfahrung und ein gutes Gehör notwendig, weil die RT keinen Drehzahlmesser besitzt.

15. Regler prüfen und einstellen

Machen die Kontakte nicht die beschriebenen Bewegungen bei den jeweiligen Drehzahlen, sollten diese mechanisch nachgestellt werden. In „Elektrik der MZ-Zweitakter"[2] wird diese Vorgehensweise sehr gut erklärt. Die Kontaktankerplatten des Reglers sollen zunächst auf ein gewisses Maß der Beweglichkeit geprüft werden. Die unteren Enden sollen nicht auf dem Kernfuß anliegen, sondern um etwa 0,5mm schweben. Die Kontaktzungen sollen sich mit den Fingern leicht an die Kontaktankerplatten heran drücken lassen. Im folgenden lassen sich der Abstand des Magnetspalts und die Abstände der Kontakte (1) und (2) simultan einstellen. Dazu werden die beiden Schrauben oben auf dem Regler gelöst und entsprechend verschoben, bis die in der Abbildung (Abb. 6) angegeben Abstände erhalten werden. Bei dieser Gelegenheit können mit einem 600er Schleifpapier die Kontakte von Rückständen der Funkenübersprünge befreit werden. Beim wieder Anziehen der Schrauben ist darauf zu achten, dass sich die Kontakte nicht verdrehen oder die Abstände keine Abweichungen erfahren. Bei der rechten Kontaktankerplatte wird der Magnetspalt von 0,8mm mit einer Fühllehre zwischen dem Kerndach und dem Nietkopf gemessen. Nach jeder Arbeit am Regler werden die Spannungswerte gemessen. Hierzu misst man bei laufendem Motor und eingeschalteten Verbrauchern (Frontscheinwerfer, Rücklicht) die ankommende Spannung an den Batteriepolen. Bei mittleren Drehzahlen sollte der zu messende Wert 6,9V betragen. Bei 7,2V besteht an heißen Sommertagen bereits die Gefahr, dass die Säurebatterie zu gasen beginnt. Weicht das Ergebnis vom empfohlenen Wert ab, gibt es zwei Möglichkeiten, diese zu korrigieren. Man biegt die Biegeelemente den Bedürfnissen entsprechend. Dies ist allerdings sehr behutsam zu machen. Denn mit jeder unnötigen Biegung werden diese umso brüchiger. Besser ist es, Papierstreifen unter die jeweiligen Kontaktfedern unterzulegen.[3] Wer sich intensiver mit der Justage des Reglers und dem Prüfen der einzelnen Elemente beschäftigen möchte, sollte

---

[2] LOTHAR, mz-forum.com: Elektrik der MZ-Zweitakter. Stand: 14.09.2012: S. 16 ff..

[3] LOTHAR, mz-forum.com: Elektrik der MZ-Zweitakter. Stand: 14.09.2012: S. 24.

unbedingt die Ausführungen von Lothar (mz-forum.com) zur Hand nehmen!

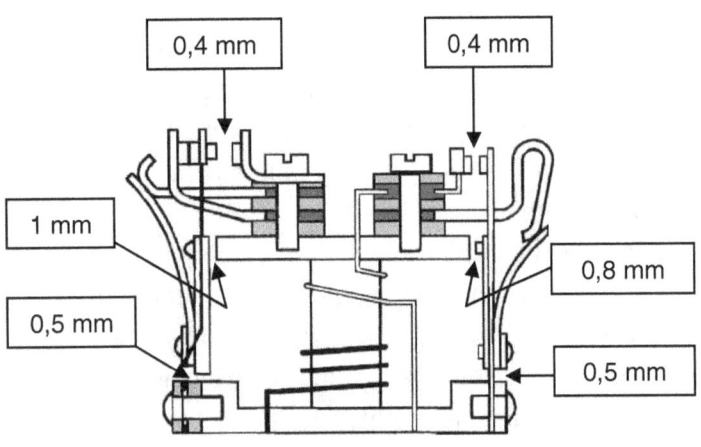

Abb. 6.:

Zwischen (2) und (b) muss ein Abstand von 0,5 mm sein. Bei (1) 0,4 mm. Kontaktankerplatten links und rechts am Regler sollen 0,5 mm über dem Kernfuß schweben und frei beweglich sein. Zwischen rechter Kontakt-Ankerplatte und Kerndach soll ein Spaltmaß von 0,8 mm erreicht werden. Bei der linken Platte und dem Kerndach 1 mm.

16. Der elektronische Regler

Immer mehr Fahrer und Bastler rüsten ihre Fahrzeuge mit modernen Möglichkeiten auf. So gibt es zum Beispiel inzwischen unzählige Anbieter, die für die verschiedenen MZ-Modelle elektronische Regler bereithalten. Die Brauchbar- und Haltbarkeit dieser Bauteile kann sehr unterschiedlich ausfallen. Es gibt Versionen, die anstatt des mechanischen Reglers auf derselben Kernplatte verbaut werden können. Dies ist für die Nachfolgemodelle der RT wichtig, weil man in diesem Fall die originale Alukappe auf den elektronischen Regler aufsetzen kann und man hat somit ein modernes Bauteil in originaler Optik. Dabei ist stets auf die Anbauanleitungen und mitgelieferten Schaltpläne zu achten. Im Falle der RT-Modelle muss man auf elektronische Regler zurückgreifen, welche auch wieder im Spulenkasten Platz finden können. Die Montage ist meist einfach, es werden einfach wie im Schaltplan angegeben, die Kabel genauso wieder an den jeweiligen Kontakten des elektronischen Reglers angebracht. Da die Kontakte bei den RT's im Spulenkasten geschraubt sind, muss man sie mit Flachsteckern ausstatten. Die mechanischen RT-Modelle bis zur /2 sind einfach durch die elektronischen Regler zu ersetzen, weil sie einen integrierten Erregerwicklungs-Vorwiderstand haben. Bei den Reglern der /3 befindet sich dieser extern auf der Lichtmaschine. Dieser ist beim Umbau auf elektronischen Regler ersatzlos zu entfernen.

17. Säurebatterie und Gel-Akku

Eine weitere beliebte Modernisierung ist der Gel-Akku. Er verschafft viele Vorteile. Da er fest vergossen ist, kann er in so ziemlich jeder Position verbaut werden, die einem beliebt. Einzig ist darauf zu achten, dass die Kontakte gegen Masseschluss gesichert sind. Dieser Vorteil macht sich auch Ideal beim Prüfen verschiedener Bauteile, wo man bei Säurebatterien immer darauf achten muss, dass sie ordentlich stehen und nicht etwa umfallen. Zudem sind die besagten Gel-Akkus recht günstig und auch von der Größe her sehr kompakt und fallen meist kleiner aus als die Säurebatterien. Säurebatterien haben zudem den Nachteil, dass sie Lack, Rahmen und Seitenkästen der Mopeds auf Dauer sehr zusetzen, wenn sie bei falsch eingestelltem

Regler gasen und aus welchen Gründen auch immer auslaufen. Vor dieser Gefahr ist man bei allem Luxus auch beim Gel-Akku nicht gefeit. Dieser ist zwar fest vergossen und kann daher nicht auslaufen oder gasen, aber genau da kommt der Schlips ins Rad. Denn wenn der Regler falsch eingestellt ist und der Gel-Akku zu großen Spannungen ausgesetzt ist, kann er nicht einfach wie eine Säurebatterie dem wachsenden Druck Platz machen. Gel-Akkus quellen unter diesen schlechten Bedingungen auf und können sogar platzen, was Lack, Rahmen und Seitenkästen des Mopeds ebenso zu Schaden kommt. Prinzipiell ist bei der Verwendung eines Gel-Akkus zu empfehlen, dass man zeitgleich auch auf einem elektronischen Regler umrüstet. Dieser birgt weniger die Gefahren von Spannungsspitzen in sich, wie ein mechanischer Regler. Allerdings ist es in der Not auch machbar, mit einem mechanischen Regler zu fahren. Aber bei der Verwendung von Gel-Akkus ist man mit einem besseren Gefühl unterwegs, wenn dieser mit einem elektronischen Regler kombiniert ist.

Wer viel Wert auf die Originaloptik legt, kann den Gel-Akku aufgrund seiner praktischen Größe auch im Originalgehäuse einer alten Nickel-Cadmium-Batterie unterbringen. Besonders bei den frühen RT-Modellen vorteilhaft, bei welchen die Batterie in einer einsehbaren Halterung am Rahmen steht.

Die Säurebatterie und der Gel-Akku. Der Größenunterschied ist schon beachtlich.

Ein guter Kompromiss:

im ausgeräumten Gehäuse der alten Säurebatterie den neuen Gel-Akku unterbringen. Das Resultat: schicke Originaloptik mit modernen Vorzügen.

18. Die Zündung

Auf dem rechten Kurbelwellenstumpf ist ein Nocken befestigt. Durch Drehung der Kurbelwelle sorgt dieser Nocken für das Abheben und Schließen des Unterbrechers. Öffnet sich auf diese Weise der Unterbrecher, wird ein Zündfunke abgegeben, der von der Zündspule im Spulenkasten aufbereitet wird und bedeutend stärker durch das Zündkabel zur Zündkerze strömt und dort hoffentlich das Gemisch entzündet. Für ein „Anspringen" des Motors wurden von Seiten der Zündung hiermit alle wichtigen Bestandteile genannt. Sofern die Lichtmaschine tüchtig ist, sollte nach dem Prüfen und Einstellen dieser Bauteile einer reibungsfreien Zündung nichts mehr im Wege stehen. Zunächst ist der Nocken zu prüfen. Dieser muss gerade auf dem Anker aufsitzen, welcher sich auf dem rechten Kurbelwellenstumpf befindet. Eine „Nase" am Anker sorgt dafür, dass der Nocken nicht verdreht verbaut werden kann. Wenn dies berücksichtigt wird, sollte der Unterbrecher mit geringen Toleranzen zunächst einmal bei richtiger Kolbenbewegung abheben und schließen. Der Nocken ist vor dem Einbau auf Riefen und Rostspuren zu prüfen. Rostspuren kann man mit einem 600er Schleifpapier entfernen. Bei Riefen ist es schwieriger, je nach Härtegrad kann man sie entweder ignorieren oder ein anderer Nocken muss her. Sollte sich aus welchen Gründen auch immer ein Grat auf dem Nocken gebildet haben, so ist dieser mit einer Schlüsselfeile behutsam zu entfernen.

Für einen Reibungslosen Betrieb der Fahrzeugelektrik und der Zündung muss bei funktionstüchtiger Lichtmaschine der Stand der Schleifkohlen überprüft werden. Diese sind auf der Lichtmaschine angebracht und eine liegt jeweils auf Masse (Minus) und die andere ist mit dem Regler (D+) verbunden. Nach dem Lösen der Anschlüsse und Entfernen der Federspangen sind die Kohlen einfach herauszuziehen. Die Kohlen müssen eine ausreichende Länge (min. 9 mm) haben und liegen mit dem nötigen Druck auf dem Kollektor des Ankers an. Die durch Verschleiß entstandenen scharfen Kanten der Kohlen sollte man mit einem feinen Schleifpapier etwas abrunden. Die Kohlen sind dann sauber und fettfrei wieder zu verbauen. Sie müssen leichtgängig hineingehen und dürfen nicht etwa verklemmen. Zuvor kann man aber im selben Arbeitsgang noch den Kollektor reinigen. Dazu baut man die Lichtmaschine ab. Bei abgebauten Nocken zieht man den Anker ab. Dieser sitzt konisch auf dem Kurbelwellenstumpf und ist zusätzlich noch durch einen Keil gesichert. Dort, wo man zuvor den Nocken abgeschraubt hat, schraubt man eine ausreichend lange M10-Schraube hinein (es gibt dort zwei Gewinde). Wenn man mit der einen Hand den Anker festhält, sollte er mit einem Ringschlüssel in der anderen Hand zu lösen sein. Hier auf keinen Fall einen Krallenabzieher oder Hebel zum Einsatz bringen, sie würden den Anker unbrauchbar machen und schlimmstenfalls die Kurbelwelle mit beschädigen. Nun kann man die einzelnen Kupferlamellen reinigen. Den Spalt zwischen den Kupferlamellen befreit man dabei beispielsweise mit einem Madenschraubenzieher vom Kohlenstaub und anderem Dreck. Diese Verunreinigungen können nämlich die einzelnen Lamellen untereinander kurzschließen. Hierbei ist unbedingt zu beachten, dass dies mit höchster Sorgfalt getan werden muss. Denn bei dieser Räubermethode kann es leicht geschehen, dass man abrutscht und das Bauteil beschädigt. Zeitgleich kann man die Punkte begutachten, an welchen die Enden des Drahtgeflechtes vom Anker mit dem Kollektor verbunden sind. Sind diese ausgeglüht, so ist der Anker unbrauchbar und sollte ersetzt werden. Bevor man das Ganze nun wieder zusammenbaut, begutachtet man noch den Kurbelwellenstumpf. Wenn dort am

Lager eine Öllache zu sehen ist, bedeutet das nichts Gutes. Denn die Dichtringe oder Dichtungen haben dann wohl das zeitliche gesegnet und müssen ersetzt werden. Dies kann nur durch eine Motoröffnung erfolgen. Ist dort allerdings alles trocken, kann man anstandslos das Ganze wieder zusammenbauen. Vorher sollte man dennoch obligatorisch eine Reinigung aller Bauteile vornehmen.

Der Anker.

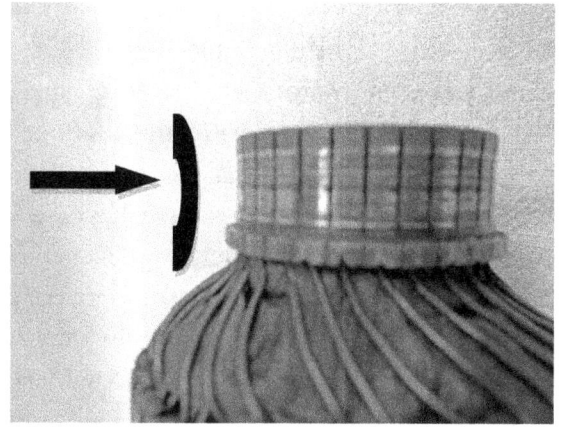

Die Lamellen dieses Kollektors sind vom Lauf der Kohlen derartig verschlissen, dass sie bogenförmig ausgebildet sind. Die Bogenform wird in der Darstellung daneben verdeutlicht. Es wäre eine Möglichkeit, diesen Kollektor wieder für eine bestimmte Zeit tauglich zu machen, indem man auf der Drehbank Material abträgt und somit die Bogenform entfernt.

Die Zwischenräume zwischen den Lamellen des Kollektors sind mit einem feinen und spitzen Schraubenzieher vorsichtig von Kohlenstaub und anderem Dreck zu reinigen.

Hinter dem Anker befindet sich der Kurbelwellenzapfen mit der verschraubten Dichtkappe und Dichtring.

19. Der Zündkondensator

Der Kondensator könnte genauso gut „Kompensator" genannt werden. Er kompensiert die zu hohen Spannungen, welche an den Unterbrecherkontakten anliegen. Wenn der Unterbrecher abhebt, entsteht ein Funke. Dieser Funke wäre kurzzeitig durch die hohen Spannungen die bis zu diesem Zeitpunkt anliegen enorm und der Unterbrecher würde demzufolge stark verschleißen, wenn der Kondensator nicht einen Großteil davon kompensiert. Der Kondensator speichert diese Energie bis zu dem Zeitpunkt, wo der Unterbrecher wieder geschlossen ist, dann gibt er die „zurückgehaltene" Spannung ab.

Eine Beschädigung des Kondensators kann durch vielerlei Ursachen hervorgerufen werden. Einerseits büßt er seine Tauglichkeit durch Materialermüdung und Alter ein. Andererseits kann auch der übereifrige Schrauber zu einem schnellen Ende des Kondensators beitragen. Denn wird die Schraube oder Mutter am oberen Ende des Kondensators zu fest angezogen, geschieht es schnell, dass sich das „Plastik-Häuptchen" samt Innereien des Kondensators verdreht. Somit ist das Bauteil nicht mehr dicht und es können Wasser oder andere Fremdstoffe eindringen. Der Kondensator würde seinen Dienst nicht mehr richtig oder gar nicht mehr verrichten. Wenn der angedachte Zweck des Kondensators somit nicht mehr erfüllt wird, kann im günstigsten Fall der Unterbrecher übermäßig verschleißen – das Moped würde aber noch anspringen. Hat der Kondensator allerdings einen Masseschluss erfahren, würde nur noch ein schwacher oder gar kein Zündfunke mehr entstehen und das Moped keinen Meter mehr fahren.

Typische Anzeichen für einen defekten Kondensator sind demzufolge ein schwacher Zündfunke, der meist eine hellrosa Färbung hat. Ist das nicht der Fall, gibt das dennoch kein Zeichen zur Entwarnung. Denn viele Kondensatoren zeigen ihren Defekt erst im Betrieb. Ist der Motor erstmal warmgelaufen und der Zünd-Kondensator steht unter großen thermischen Einflüssen, können sich erst jetzt mitten auf der gemütlichen Sonntagsausfahrt die Auswirkungen bemerkbar machen. Die Zuverlässigkeit des Kondensators kann also nur unter realen Betriebsbedingungen zuverlässig in Erfahrung gebracht werden. Deshalb sollte man im Zweifelsfall immer Ersatz und Werkzeug mit sich führen.

Kondensatoren.

20. Unterbrecher einstellen

Um gescheite Leistung und eine gute Lebensdauer des Motors zu erzielen, sind neben der Fahrweise zwei wesentliche Dinge von großer Bedeutung. In den vorgeschriebenen Intervallen sollten Vergaser und Zündeinstellung gewartet werden. Die Zündeinstellung beeinflusst man über den Unterbrecher. Bei diesem überprüft man zunächst ob zwischen den Kontakten Rückstände vom Überspringen des Funkens zu sehen sind. Wenn ja, dann entfernt man diese, indem man eine Unterbrecherfeile straff zwischen die Kontakte hin und her führt. Dabei soll man die Feile aber nicht bewegen, wie der Geiger seinen Streicher, sondern man soll immer schöne gleichmäßige horizontale Bewegungen ausführen. Dabei braucht man nicht mal unnötig Druck ausüben, weil die knapp geöffneten Kontakte von selbst Druck auf die Unterbrecherfeile ausüben. Ist ein zu hoher Abbrand auf den Kontaktflächen des Unterbrechers festzustellen, ist dies ein Signal für einen defekten Kondensator. Infolge sind beide Bauteile zu wechseln.

Dann wird entschieden, ob die „Plastik-Nase" des Unterbrechers, welche nach unten neigt und auf dem Nocken aufliegt, noch in einem ausreichend guten Zustand ist. Sollte diese ungleichmäßig abgenutzt sein oder schon so sehr verschlissen, dass der Nocken dort nichts mehr anheben kann, ist der Unterbrecher zu wechseln.

Der Unterbrecher.

Nach diesen grundsätzlichen Schritten kommen wir nun zur Zündeinstellung. Hierbei muss man seinen Kopf anstrengen und eine Drehbewegung gedanklich mit einer geradlinigen Bewegung synchronisieren. Eine Gradscheibe oder eine Zünduhr sind dabei sehr brauchbare Hilfsmittel. Doch zu allererst schrauben wir die Zündkerze aus dem Zylinderkopf. Dann nehmen wir eine Schiebelehre oder einen sauberen Schraubenzieher zur Hand und führen es vorsichtig oben in das Kerzenloch. Dann beginnt man zeitgleich mit einem Ringschlüssel den Sechskantkopf der M6-Schraube zu drehen, welche den Nocken auf dem Anker befestigt. Nun merkt man, dass sich im Zylinder der Kolben bewegt. Behutsam ermittelt man so die Stellung des Kolbens und bringt ihn auf den oberen Totpunkt (OT). Der obere Totpunkt ist der Umkehrpunkt des Kolbens, bevor er sich wieder im Zylinder nach unten bewegt. Hat man den OT ermittelt, prüft man mit einer Fühllehre den Kontaktabstand am Unterbrecher. Dieser Abstand beträgt bei allen RT-Modellen 0,4mm. Sollte dieser nicht stimmen, so löst man die Befestigungsschraube des Unterbrechers leicht und stellt den Kontaktabstand durch drehen der benachbarten Exzenter-schraube ein. Im Anschluss zieht man die Befestigungsschraube des Unterbrechers mit Vorsicht und Aufmerksamkeit wieder an – man behält dabei den Kontaktabstand im Auge, denn dieser könnte sich dabei wieder verstellen. Ist der Kontaktabstand zu gering eingestellt, ergibt sich mehr Vorzündung. Ist er zu groß eingestellt, kann der Unterbrecher nicht richtig abheben und in der Zündspule kann sich für den Zündfunken keine ausreichende Spannung aufbauen. Es entstehen „Fehlzündungen" durch den Vergaser. Unwissende Schrauber, welche glauben die Zündung richtig eingestellt zu haben, beginnen jetzt die Ursache für dieses seltsame Motorverhalten am Vergaser zu suchen. Mit dieser Handlung werden dann zwei wesentliche Träger eines ordentlichen Motorlaufs unnötig verstellt und der Ärger nimmt so schnell kein Ende.

Ist der Kontaktabstand des Unterbrechers nun richtig eingestellt, geht es daran den Zündzeitpunkt zu ermitteln.

21. Zündzeitpunkt mit der Zünduhr ermitteln

Nun schrauben wir die Zünduhr ins Kerzenloch. Den oberen Totpunkt ermittelt man wieder durch Drehen am Sechskant an der Kurbelwelle, dabei hat man die Augen auf die Zünduhr gerichtet. In dem Augenblick, wo die Zeiger wieder umkehren, hat man den oberen Totpunkt gefunden. Bei Drehbaren Zeigerblatt der Zünduhr bringt man die Null nun auf diesen Punkt, ansonsten merkt man sich die Stellung auf dem Zeigerblatt.

Eine Zünduhr im Einsatz.

Von diesem Punkt aus dreht man bei den RT-Modellen /0 - /2 nun vier Umdrehungen rückwärts, bei den /3 – Modellen 4,5 Umdrehungen. Somit sind wir nun am empfohlenen Zündzeitpunkt von 4,0mm bzw. 4,5mm vor dem oberen Totpunkt.

Die Zeiger dieser Zünduhr stehen auf dem Zündzeitpunkt für RT/3.

Genau an diesem Punkt betrachtet man die Kontakte des Unterbrechers – sie müssen sich genau in diesem Augenblick öffnen. Meist ist dies erst erkennbar, wenn man die Kurbelwelle wieder ein wenig weiter Richtung OT dreht. Hier ist der Raucher mal ausnahmsweise im Vorteil: Hilfreich ist ein dünnes Stück Zigarettenpapier, welches man zwischen den Kontakten des Unterbrechers steckt. Zieht man dieses Papier mit den Fingern etwas straff (es wird von den Kontakten festgehalten, als würden sie darauf beißen) und dreht nun bis zu dem empfohlenen Zündzeitpunkt, sollte das straff gezogene Zigarettenpapier genau 4,0mm bzw. 4,5mm vor OT von den Kontakten freigegeben werden. Ist dies nicht der Fall oder es wird schon früher geöffnet, ist der

Zündzeitpunkt nicht korrekt eingestellt. Diesem Missstand kommt man entgegen, wenn man die beiden Schrauben der Unterbrecher-Grundplatte löst und die Platte verschiebt. Wenn der Unterbrecher das Zigaretten-papier früher freigegeben hat, schiebt man die Platte etwas nach rechts, wenn der Unterbrecher später geöffnet hat, schiebt man die Platte nach etwas links. Danach zieht man die Befestigungs-schrauben wieder an und ermittelt erneut den Zündzeitpunkt. Dieses Spiel wiederholt man so oft, bis es stimmt.

Dieser Unterbrecher ist am oberen Totpunkt genau 0,4 mm offen.

Mit der Prüflampe:

Statt wie mit dem Hilfsmittel des Zigarettenpapieres, kann man das Öffnen des Unterbrechers auch mit einer Prüflampe überprüfen. Hierzu wird die Prüflampe an den Kondensator-Pol geklemmt und das andere Ende zum Beispiel am Motorengehäuse auf Masse gelegt. Dreht man nun die Kurbelwelle zum gewünschten Zündzeitpunkt und er ist richtig eingestellt, müsste beim Öffnen des Unterbrechers die Prüflampe beginnen aufzuleuchten. Sie leuchtet so lange, bis der Unterbrecher wieder geschlossen ist. Wenn die Lampe zu früh oder zu spät aufleuchtet, geht man genauso vor, wie es beschrieben wurde. Man verschiebt die Unterbrecher-Grundplatte in die jeweilige Richtung, bis es stimmt. Beim Prüfen mit der Prüflampe ist es allerdings nötig, dass die Batterie voll geladen und die Zündung eingeschalten ist.

Die Prüflampe leuchtet genau in dem Augenblick auf, wenn sich die Unterbrecherkontakte öffnen.

22. Die Zündspule

Die Zündspule transformiert die ankommende Spannung zu einem beachtlichen Zündfunken. Bei Arbeiten an der Zündspule, am Zündkabel oder bei eingesteckter Zündkerze ist stets Vorsicht geboten. Ist der Unterbrecher bei Motorstillstand gerade geöffnet, kann beim Einschalten der Zündung ein Funke entstehen. Ebenso dürfen die Kontakte nicht in Händen gehalten werden, wenn der Motor durch treten in den Kickstarter oder durch Drehen an der Kurbelwelle beim Zündung einstellen betätigt wird. Personen mit Herzleiden oder Herzschrittmachern sollten Arbeiten an der Zündspule oder verwandter Komponenten vermeiden oder nur mit höchster Vorsicht verrichten!

Die Zündspule hat üblicherweise die Kontakte 15 und 1. Weiterhin gibt es noch den Anschlusspunkt des Zündkabels. Bei den RT-

Modellen liegt die Zündspule im Spulenkasten und das Zündkabel verlässt diesen nach oben hinaus und führt zur Zündkerze. Die Zündspule liegt im Spulenkasten mit einer großen Lötstelle an einem Draht an, welcher mit dem fortführenden Zündkabel verbunden ist. Häufige Probleme mit der Zündspule können Korrosion an diesen Kontakten sein. Abhilfe schafft Ausbau der Zündspule und die Reinigung an den Verbindungsstellen. Gleiches gilt für das Zündkabel. Besonders die Enden der Zündkabel sollten in diesem Fall ein Stück abgeschnitten werden und besonders das Ende, welches im Spulenkasten anliegt, sollte etwas großzügiger abisoliert werden.

Ähnlich wie beim Kondensator, kann die Zündspule bei thermischen Belastungen im Betrieb einen Defekt aufweisen, welchen sie beim Test im kalten Zustand nicht verrät. Die Gründe hierfür können vielseitig sein. Möglicherweise ist in diesem Fall die einzelne Isolierung des Spulendrahts beschädigt, welcher erst einen Kurzschluss bei Erwärmung erzeugt. Aus diesem Grund ist ein sanfter Umgang mit der Zündspule anzuraten. Beschädigt man sie oder ist die Isolierung des Spulendrahtes beschädigt (manchmal schon mit bloßem Auge sichtbar), ist das für einen derartigen Defekt sehr förderlich.

Einen Defekt an der Zündspule kann man beim Betrachten des Zündfunken feststellen. Kommt der Zündfunke unregelmäßig, „tänzelt" er herum, besitzt er eine blasse oder rötliche Färbung oder fehlt er gänzlich, könnte dies den Täterkreis auf die Zündspule begrenzen. Wenn man in diesem Fall eine zuverlässige und wissentlich intakte Zündspule vor Ort hat, ist ein Austausch die beste Methode um dem Übeltäter auf die Spur zu kommen.

Mit einem Multimeter kann man allerdings auch die Zündspule auf Herz und Nieren prüfen. Man überprüft den Widerstand der einzelnen Komponenten der Zündspule. Diese ergeben für die RT-Modelle bei der Primärspule einen Wert von 1,3 Ω (gemessen zwischen den Kontakten 1 und 15) und bei der Sekundärspule 3,3 Ω (gemessen zwischen den Kontakten 15 und K).[4]

Die RT-Zündspule.

23. Der Kerzenstecker

Der Kerzenstecker dient in erster Linie der zuverlässigen Befestigung des Zündkabels auf der Zündkerze. Früher wurden die Zündkabel einfach an den Anschluss der Zündkerze geschraubt – dies war besonders Nachteilig bei großer Nässe. Durch Feuchtigkeit wurde der Zündfunke einfach außen um die Zündkerze herum abgeleitet. Heute sind die Kerzenstecker mehrfach isoliert und sollen das Wasser abhalten. Dies ist aber nicht immer der Fall. Ein stotternder Motor oder fehlender Zündfunke sind meist auf dasselbe

---

[4] LOTHAR, mz-forum.com: Elektrik der MZ-Zweitakter. Stand: 14.09.2012: S. 31.

Problem zurückzuführen, aus dem man eigentlich vom bloßen Anschrauben des Zündkabels weggegangen ist. Wer einmal an das Problem eines durchnässten Kerzensteckers geraten ist, kann sich helfen. Mit einem Schraubenzieher entfernt er das Metallblech um den Kerzenstecker, zieht die Gummidichtungen ab und trocknet das Ganze mit einem Lappen. Ohne Metallverkleidung wird dann weitergefahren. Diese Räubermethode wird auch „Heimbringer-Kerzenstecker" genannt. Denn er taugt auch nicht zu mehr, als noch schnell heim zu fahren und ihn durch einen neuen zu ersetzen. Mit diesem Kerzenstecker zieht man den Zorn der Anwohner auf sich - dieser unisolierte Kerzenstecker sorgt überall dafür, dass der Radio- und Fernsehempfang gestört wird, wo man vorbei fährt.

24. Die Zündkerze

Die Zündkerze sollte immer den vorgeschriebenen Wärmeleitwert erfüllen. Weiterhin ist der Kontaktabstand von 0,6mm einzuhalten. Die Zündkerze ist immer mit einem Dichtring zu verbauen und stets ausreichend fest zu ziehen. Verunreinigungen zwischen den Elektroden, auch „Popel" genannt, können zum Stillstand des Motors führen. Mit einer Drahtbürste ist die Kerze im Normalfall schnell gereinigt. Bei der Gelegenheit achtet der erfahrene Schrauber immer gleich noch auf das Kerzenbild.

Das Kerzenbild gibt viel Aufschluss auf die korrekte Einstellung des Motors. Die Kerze sollte an den Elektroden immer eine Rehbraune Färbung haben. Ist die Färbung blasser, weißlich oder sind die Elektroden gar schon angebrannt, ist es ein Zeichen dafür, dass der Vergaser zu „mager" eingestellt ist. Dies bedeutet, dass der Verbrennung im Motor ein Gemisch zugeführt wird, dass entgegen dem empfohlenen Verhältnis zu wenig Kraftstoff enthält. Der Vergaser ist in diesem Fall dringend zu überprüfen. Entweder ist er falsch eingestellt oder eine Düse ist teilweise verstopft. Anzeichen für solche Defizite sind meist auch ein selbstständiges und grundloses Hochtouren des Motors. Ebenfalls ist in diesem Fall der Ansaugtrakt dringend auf Fehler zu überprüfen, denn „Falschluft" kann ebenso ein Grund dafür sein.

Ist die Kerze dunkel gefärbt oder glänzt ölig, dann ist das Gemisch zu „fett" eingestellt. Also dem empfohlenen Verhältnis von Kraftstoff und Luft kommt zu viel von ersterem zu Gute. Ebenfalls ist in diesem Fall der Vergaser zu überprüfen. Es kann aber auch eine Fehlerhafte Zündeinstellung die Ursache sein. Im Schlimmsten Fall können die Wellendichtringe oder Dichtungen im Motor beschädigt sein und der Motor verbrennt gnadenlos das Öl aus dem Getriebe mit. Mit diesem Überschuss an Öl kommt er aber auf die Dauer nicht zurande und die Kerze verölt.

Bevor wir aber den Teufel an die Wand malen, sollte nämlich bei allen Betrachtungen auch die Fahrweise nicht außer Acht gelassen werden! Ein unerfahrener Fahrer, der seine ersten Versuche macht und die Maschine viel abwürgt, wenig bei Laune hält oder nur kurze Strecken hin und her fährt, kann genauso Ursache für eine verölte Kerze sein. Das Gleiche gilt auch für MZ's, welche im Stadtverkehr bewegt werden. Stop and Go am laufenden Band und rote Ampeln alle hundert Meter, können der Kerze ebenfalls ein feuchtes öliges Grab bereiten.

Unerfahrene Schrauber machen häufig den Fehler, dass sie an der Zündung und dem Vergaser herumexperimentieren und bei allen Einstellungen und Versuchen immer dieselbe Kerze verwenden. Die Kerze ist vom unzähligen Antreten und kurzem Probieren derart strapaziert, dass sich mit ihr keine sinnvollen Erprobungen mehr durchführen lassen. Der unerfahrene Schrauber vermutet die schlechten Ergebnisse seiner Vergaser- und Zündeinstellungsversuche jedoch in seinen letzten Änderungen. Diese versucht er nun rückgängig zu machen und muss beim erneuten Test feststellen, dass die ursprünglichen Einstellungen ebenfalls völlig schlecht geworden sind. Die Kerze ist inzwischen vollkommen baden gegangen! Der unerfahrene Schrauber weiß dies allerdings noch nicht und er experimentiert weiter am Vergaser und der Zündung – ohne Hoffnung auf Besserung. Am Ende sind die Einstellungen des ganzen Motorrades verkorkst und aus dem Krümmer tropft schon eine schwarze Brühe. Bei solchen Einstellungsarbeiten und kleinen Testfahrten ist es stets ratsam, mehrere perfekt vorbereitete Zündkerzen parat liegen zu haben. Nach jeder Änderung an der Einstellung wird eine jungfräuliche Kerze verwendet! So hat man schnell die beste Einstellung gefunden und verzweifelt nicht den ganzen Nachmittag in der Werkstatt. Eine Probefahrt bringt dann Gewissheit. Die Maschine wird gemütlich warm gefahren und dann über mehrere Kilometer auf mittleren und hohen Touren gebracht. Nach 5 – 10 Kilometern kann man sich dann das Kerzenbild anschauen und nach den anfangs genannten Kriterien beurteilen.

Doch was macht man jetzt mit den ganzen verölten Kerzen, die auf dem Werkstattboden herum liegen? Auf keinen Fall packt man sie einfach wieder zu allen anderen Kerzen! Denn schon sehr bald greift man bei den nächsten Einstellversuchen nichtsahnend in die Schachtel mit den Kerzen wie in einen Lostopf und zieht die Ölprinzessin vom letzten Mal heraus. Dann geht der ganze Spaß wieder von vorne los! Um das zu verhindern, gibt es zwei Möglichkeiten. Die verölten Kerzen werden grundsätzlich auf einen extra Haufen gelegt, den man definitiv vom Haufen mit den guten Kerzen unterscheiden kann. Mit einem Gasbrenner bekommt man sie wieder trocken. Man hält die Kerze am oberen Anschluss mit einer Wasserpumpenzange und brennt das Metallgehäuse und die Elektroden gründlich aus. Im Anschluss werden sie dann mit einer Drahtbürste geputzt und der Elektrodenabstand neu eingestellt. Nun kann die Kerze wieder in die Schachtel mit den guten Kerzen – aber vorher abkühlen lassen!

Eine schnellere und nicht so heiße Möglichkeit ist wieder eine dieser Räubermethoden. Man wickelt die Zündkerze in einen Lappen ein, sodass das Metallgehäuse und die Elektroden herausschauen. Mit einer Flasche Bremsenreiniger sprüht man nun hinein und spült sie ordentlich aus. Aber Vorsicht! – Auf so einer Bremsenreinigerflasche ist gehörig Druck drauf und man muss aufpassen, dass man von dem Zeug nichts in die Augen bekommt! Die auf diese Weise gereinigten Zündkerzen sind dann ebenfalls sehr schnell wieder gebrauchsfähig, sobald man den Kontaktabstand überprüft hat.

Ansonsten ist bei der Zündkerze vor der Verwendung darauf zu achten, dass der Dichtring nicht fehlt, das Gewinde der Kerze in Ordnung ist, der Wärmeleitwert stimmt und die Kerze nicht anderweitig beschädigt ist. Eine gerissene oder gebrochene Keramik stört die Isolation und der Funke kann abgeleitet werden oder Feuchtigkeit dringt ein. Eine solche Kurzschluss-Kerze wirft man sofort in den Schrott!

25. Die Beleuchtung

Die Beleuchtung ist rund um das ganze Moped stets in Schuss zu halten. Eine durchgebrannte Phase im vorderen Scheinwerfer sollte nicht dauerhaft durch Schalten auf die funktionstüchtige ignoriert werden. Ebenso ist es so, dass ein durchgebranntes Rücklicht sofort gewechselt werden sollte. Ist die 5 W-Lampe für die Kennzeichen-Beleuchtung durchgebrannt, so kommt dieser Strom zusätzlich bei der vorderen 25 W-Lampe an. Die Lebensdauer dieser Lampe sinkt somit brachial ab.

Ein ähnliches Prinzip gilt für das Rücklicht, selbst wenn das vordere Licht mit beiden Phasen intakt ist. Denn wer am Auf- und Abblendschalter ein wenig trödelt, wird feststellen, dass es beim Umstellen einen Augenblick gibt, wo im vorderen Scheinwerfer gar kein Licht leuchtet. In diesem Augenblick kommt der nicht verbrauchte Strom der vorderen 25 W-Lampe zusätzlich beim 5 W-Rücklicht an. Für das Rücklicht kann so ein Augenblick das sofortige Todesurteil sein. Deshalb sollte man zügig den Abblendschalter umlegen, um diesen Augenblick der Finsternis im vorderen Scheinwerfer zu unterbinden.

Beim Wechseln der Glühlampen sind stets auch gleich die Fassung und die Kabelanschlüsse zu begutachten. Korrosion ist mit feinem Schleifpapier zu entfernen und Pol- oder Kontaktfett kann hin und wieder auch recht hilfreich sein.

26. Der Vergaser

Neben einer ordentlichen Zündeinstellung ist der Vergaser hauptverantwortlich für einen reibungsfreien Motorlauf. Das Ansprechverhalten und die Leistung des Motors werden vom Vergaser über alle Drehzahlbereiche dirigiert. Ebenso sind die Lebensdauer des Motors und der Kraftstoffverbrauch von der richtigen Vergasereinstellung abhängig.

Für die Verbrennung im Motor ist nicht einzig und allein der Kraftstoff nötig. Wie sonst überall auch, ist eine Verbrennung nur unter Zufuhr von Sauerstoff möglich. Wie sagte schon Tom Hanks in seiner Robinson Crusoe-Rolle im Hollywood-Film „Cast Away": „Da muss Luft ran!". Der Vergaser ist für das Bereitstellen von Kraftstoff und Luft zuständig. Dies muss in einem bestimmten Verhältnis geschehen, nur so ist eine optimale Verbrennung und ein guter Motorlauf möglich.

Die grundsätzlichen Bestand-Teile eines MZ-Vergasers (BVF) sind die Schwimmerkammer, der Schieber mit Nadel und die Düse(n). Der Kraftstoff, der bei geöffnetem Benzinhahn vom Tank mithilfe der Schwerkraft in den Vergaser fließt, gelangt zunächst in die Schwimmerkammer. Der Schwimmer in dieser Kammer ist genau so eingestellt, dass er nur eine bestimmte

Füllung der Kammer zulässt. Eine zu geringe Füllung würde dem Motor zu wenig Kraftstoff zur Verfügung stellen. Signale hierfür sind ein zu helles Kerzenbild oder ein grundloses Hochtouren des Motors. Eine zu große Füllung der Schwimmerkammer würde den Motor „versaufen" lassen. Der Motor würde beschwerlich auf die mittels Gashebel befohlenen Anweisungen des Vergasers reagieren und die Zündkerze wäre nass und ölig. Ein weiteres Signal für eine zu große Füllung der Schwimmerkammer ist, dass der Vergaser überläuft. Durch das Überlaufloch oder -Röhrchen am Vergaser würde eine Benzinfontäne schießen oder der Vergaser tropft kontinuierlich vor sich hin. Wird dieser Mangel nicht bemerkt oder ignoriert, kann es passieren, dass sich so der Inhalt des ganzen Tanks allmählich unter dem Motorrad verteilt. Dieser Defekt in Kombination mit einem undichten Benzinhahn hat schon unzählige Tankfüllungen einen Weg ins Erdreich gebahnt. Allerdings darf man sich nicht täuschen lassen, denn häufig gibt es für das Überlaufen des Vergasers auch eine andere Ursache: Der Schwimmer ist einwandfrei eingestellt, aber trotzdem läuft der Vergaser über. Der Grund dafür ist ein „Hängen" des Schwimmers. Häufig zeigt sich ein Grat am Zylinderstift des Schwimmers dafür verantwortlich. Oder der Schwimmer sitzt zu straff und nicht frei beweglich auf diesem Zylinderstift. Diesen Mängeln ist dann zunächst Abhilfe zu verschaffen, bevor man den Fehlerteufel an der Schwimmerstellung selbst sucht.

Durch Einströmen des Kraftstoffs in die Schwimmerkammer steigt der mit Luft gefüllte Schwimmer in seiner Kammer, bis er das Ventil verschließt, durch welches der Kraftstoff einströmt. Leert sich die Schwimmerkammer wieder, indem der Kraftstoff im Motor verbraucht wird, sinkt der Schwimmer wieder und öffnet das Ventil erneut, damit wieder neuer Kraftstoff in die Schwimmerkammer gelangen kann. Dieser Prozess geschieht kontinuierlich die ganze Zeit, während der Motor läuft und Kraftstoff verbraucht.

Der Kraftstoff aus der Schwimmerkammer gelangt mittels Unterdruck in den Motor. Durch die Kolbenbewegung des Zweitaktmotors entsteht ein Unterdruck im Kurbelgehäuse des Motors und mit der Aufwärtsbewegung des Kolbens erhöht sich dieser. Genau in dem Augenblick, in dem der Kolben den Einlasskanal am Zylinder überschreitet und nicht mehr verdeckt, öffnet er den Weg vom Vergaser zum Kurbelgehäuse, von wo aus durch den Unterdruck ein Sog entsteht. Dieser Sog bewirkt, dass Kraftstoff und Sauerstoff durch den Vergaser in den Zylinder strömen. Aus diesem Grund sagt man auch immer: „Der Zweitakter holt sich selbst, was er braucht!". Diese Redensart ist prinzipiell nicht verkehrt, dennoch muss ihm auch genau das zur Verfügung gestellt werden, was er braucht – und das macht der Vergaser. Der Vergaser hat einen horizontalen Kanal, der vom Zylinder zum Luftfilter reicht. Über diesen wird durch den Unterdruck im Kurbelgehäuse Luft angesaugt. Zeitgleich ist dieser horizontale Kanal durch ein vertikales Ventil mit der Schwimmerkammer und somit mit der Kraftstoffzufuhr verbunden. Dieses Ventil, wenn man es so nennen kann, besteht aus einer Düse, welche von der Vergasernadel geöffnet wird. Diese Vergasernadel und diese Düse (Hauptdüse) bestimmt die Menge an Kraftstoff, welche sich mit der Luft mischen soll und durch den Unterdruck in den Motor strömen soll. Diese Regelung funktioniert im Stand bei nichtbetätigtem Gashahn durch die Einstellung der Regulierschraube. Diese Regulier-Schraube ist soweit hineingedreht, dass sie den Schieber, und somit die am Schieber befestigte Nadel, genau soweit anhebt, dass der Prozess der Kraftstoff-Luftgemisch-Bildung in den Maßen funktioniert, wie es für ein ruhiges Laufen im Stand nötig ist. Für ein beschleunigen des Motors ist das „Gas geben" zuständig. Durch den Gasdrehgriff am Lenker wird über einen Zug der Schieber im Vergaser nach oben gezogen und somit gibt die Vergasernadel die Hauptdüse in größerem Maße frei und mehr Kraftstoff kann sich mit mehr Luft mischen. Denn durch das „Hochziehen" des Schiebers wird auch mehr Querschnitt des horizontalen Luftkanals freigegeben, welcher bisher vom Schieber blockiert wurde. Somit wird die Luftzufuhr durch den Schieber gesteuert und die Kraftstoffzufuhr über die am Schieber befestigte Nadel. Obwohl man hier weniger von Zufuhr als viel mehr von Freigabe sprechen sollte, denn durch den Unterdruck des Kurbelgehäuses verlangt der Motor sowieso gierig nach allem was er aus der Vergasergegend bekommen kann.

Wegen dieser „Ansaug-Gier" des Motors sollte auch stets dafür gesorgt werden, dass der Motor auch tatsächlich nur dort „saugen" kann, wo er es soll. Dies betrifft den horizontalen Vergaserkanal zum Luftfilter und den vertikalen zur Schwimmerkammer. Alle anderen Möglichkeiten, z. B. undichte Stellen im Ansaugtrakt an der Verbindungsstelle zwischen Zylinder und Vergaser, werden das Unterdruckniveau des Motors beeinflussen und den reibungslosen Ablauf stören. Solche Defekte nennt man Nebenluft und sie können der Maschine schwere Schäden zufügen.

27. Die Einstellung des Vergasers

Somit sei das Funktionsprinzip des Vergasers erklärt. Doch stellt sich nun die Frage, wie die Menge des Kraftstoff-Luftgemischs beeinflusst werden kann, welche dem Motor zur Verfügung gestellt wird. Zunächst haben wir ja schon gehört, wie der Schwimmer und das Schwimmerventil die nachfließende Menge des Kraftstoffs vom Tank in den Vergaser bestimmen. Die Freigabe dieser Kraftstoffmenge zum Motor geschieht über die Hauptdüse und die Vergasernadel. Die Hauptdüse beeinflusst mit ihrem Durchlass-Querschnitt die Menge an Kraftstoff, welche in den horizontalen Kanal des Vergasers gelangen soll. Dieser Querschnitt ist immer auf der Düse gekennzeichnet und werkseitig vorgegeben. Häufig ist es jedoch so, dass die Werksangaben dem individuellen Charakter eines jeden Motors nicht entsprechen wollen und daher andere Düsen mit einem anderen Querschnitt zum Einsatz kommen. Die richtige Düse zu verbauen und in Einklang mit dem Motor zu bringen ist Versuchssache. Dabei hat man sich am Ansprechverhalten des Motors auf allen Drehzahlebenen zu orientieren und das Kerzenbild gibt Aufschluss über die Zweckmäßigkeit dieser Düsenwahl. Das Öffnen der Düse wird über die Vergasernadel gesteuert. Diese Nadel ist konisch geformt und am Schieber des Vergasers befestigt. Die konische Form dient hierbei dem Verschluss oder dem Öffnen der Düse, je nachdem in welcher Stellung sie sich befindet. Die Vergasernadel besitzt an ihrem oberen, zylinderförmigen Ende mehrere Kerben, an welchen sie befestigt ist. Hierbei ist die Höhe der Kerbenstellung maßgebend für den Grad der Öffnung der Düse. Je weiter die Düse geöffnet ist, desto mehr Kraftstoff kann sich mit Luft mischen. Die optimale Kerbenstellung ist wieder werkseitig vorgegeben, doch der individuelle Charakter vieler Einstellungskombinationen und der einzelnen Motoren verlangt auch hier häufig mehrere Versuche. Wie bei der Bedüsung hat man sich auch hier am Kerzenbild und Ansprech-Verhalten des Motors zu orientieren, wenn man Änderungen an der Nadelstellung vornehmen möchte. Für viele Vergasermodelle stehen übrigens auch verschiedene Nadeln zur Verfügung. Sie unterscheiden sich hauptsächlich in der Art ihrer konischen Formung. Eine Nadel die spitzer zuläuft, sozusagen dünner ist, gibt bei allen Schieberstellungen mehr Kraftstoff frei, als eine stumpfere, dickere Nadel. Der Nadeltyp ist ebenfalls werkseitig vorgegeben, dennoch können Versuche auch hier möglich sein, wenn man mit dem momentanen Charakter seines Motors nicht ganz zufrieden ist.

Der Schieber ist immer so herum zu verbauen, dass seine untere, halbmondförmige Öffnung Richtung Luftfilter zeigt. Diese Öffnung dient auch bei geschlossenem Schieber der Luftzufuhr. Auf diese Weise kann auch bei geschlossenem Schieber mittels Regulierschraube eine Zufuhr von Kraftstoff-Luftgemisch zum Motor ermöglicht werden, sodass der Motor auch im Stand läuft. Die Regulierschraube beeinflusst somit auch die Drehzahl im Stand, auch Leerlaufdrehzahl genannt. Je weiter sie hinein geschraubt wird, desto größer wird die Kraftstoff-Luftgemisch-Zufuhr und somit auch die Drehzahl des Motors im Leerlauf bzw. im Stand. Das Optimum für eine gesunde Leerlaufdrehzahl liegt bei 1000 – 1100 U/min. Bei diesen Drehzahlen sollte der Motor längere Zeit zuverlässig im Stand laufen können, ohne mit dem „Verschlucken" oder Ausgehen kämpfen zu müssen. Die Einstellung der Leerlaufdrehzahl und somit des Standgases wird immer bei betriebswarmen Motor vorgenommen. Denn verrichtet man diese Einstellarbeiten bei kaltem Motor, so verändert sich das Lauf-Verhalten mit Erwärmen des Motors wieder.

28. Der Flachschiebervergaser

Bei den RT-Typen gibt es verschiedene Vergaser. Wurden die ersten Modelle noch mit Flachschieber-Vergasern ausgeliefert, so warten die letzten schon mit einem Rundschieber-Vergaser auf. Die Umstellung auf Rundschieber-Vergaser muss irgendwann während der Produktionszeit der RT 125/2 oder mit Beginn der Produktion der RT 125/3 vorgenommen worden sein. Im Folgenden wird ein Flach-schiebervergaser einer RT 125/2 seziert:

**Flachschiebervergaser
BVF KNB 20 - 2**

Die RT-Modelle sind alle mit einem Vergaser ausgestattet, bei welchem die Schwimmerkammer seitlich angeordnet ist. Die Schwimmerkammer füllt sich via „Tupfen" am Vergaser. Drückt man den Tupfer für zwei bis drei Sekunden, so wird im Inneren der Schwimmerkammer der Schwimmer nach unten gedrückt und kann die Zulauföffnung für das Benzin nicht mehr verschließen. Steigt nun der Kraftstoff in der Schwimmerkammer, so wird auch der hohle, luftgefüllte Schwimmer mit angehoben, bis seine konische Nadel die Zulauföffnung für das Benzin wieder verschließt. Auch hier gibt es wieder eine Nadelstellung am Schwimmer, die es möglich macht den Zeitpunkt des Verschließens zu bestimmen.

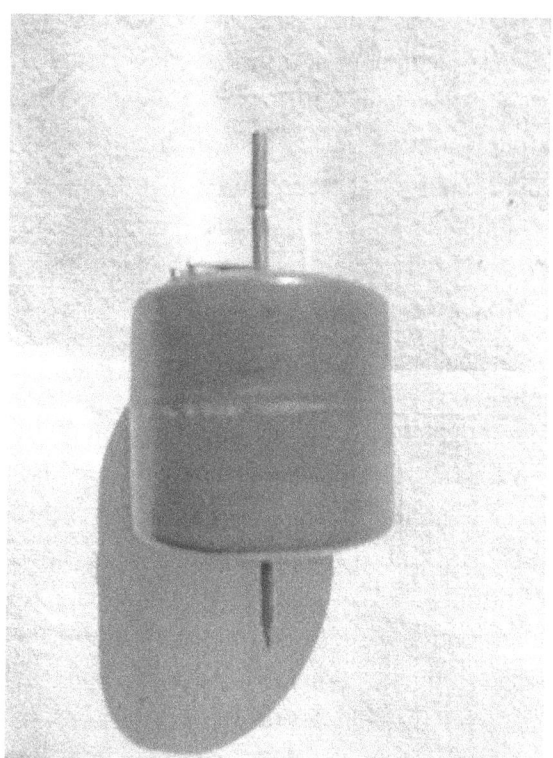

Seitenansicht eines Schwimmers.

Draufsicht eines Schwimmers.

Wird der Vergaser zerlegt, so ist er bei dieser Gelegenheit gleich noch zu reinigen. Am Grund des Schwimmergehäuses und in der Verschlussschraube unten am Vergaser sind häufig Verunreinigungen zu finden. Typischer Schmutz im Vergaser sind Lackteile oder Rost aus dem Tank. Besonders in kühleren Jahreszeiten ist es sehr üblich, dass sich Schwitzwasser bildet. Dieses Wasser ist an kleinen Kügelchen am Grund des Benzins erkennbar, welche Luftblasen gleichen. Der Kraftstoff ist dann meist so verschmutzt, dass er nicht mehr zu gebrauchen ist. Um Schmutz vorzubeugen sind ein Tanksieb und ein Kraftstofffilter empfehlenswert. Schwitzwasser sollte normalerweise vom „Wassersack" des Benzinhahns abgehalten werden, doch meistens sind diese Wasserkügelchen unaufhaltsam und geraten in den Vergaser. Dort legen sie sich vor die Düse und verhindern das Fortkommen des Kraftstoffs. Eine Kappe Spiritus bei jeder Tankfüllung hilft, das Schwitzwasser zu binden und so blockiert es die Düsen im Vergaser nicht. Somit gebunden und in kleinsten Portionen weitertransportiert, sollte das Wasser auch bei der Verbrennung nicht hinderlich sein und entschwindet wieder gasförmig aus dem Auspuff.

Die Düsen sind vorsichtig mit einem Schraubenzieher heraus-Zuschrauben und zu reinigen. Mit Druckluft kann man sicher gehen, dass keine Dreckkrume mehr im Vergaser oder in der Düse festsitzt. Beim Wiederzusammenbau sind die Dich-tungen auf Tauglichkeit zu prüfen und gegebenenfalls durch neue zu ersetzen.

Der „Wassersack" und das darin befindliche Sieb sind regelmäßig zu reinigen!

Der Vergaser mit Schwimmer, Schieber, Schwimmergehäuse-Deckel und Schiebergehäuse-Kappe.

29. Der Luftfilter

Der Luftfilter befindet sich direkt hinter dem Vergaser. Er ist nicht etwa wie bei den RT-Nachfolgemodellen in einem separaten Luftfilterkasten untergebracht, wo er beruhigte und trockene Luft ansaugen kann. Der RT-Vergaser bezieht also seine Luft direkt aus der Umgebung und dadurch ist die RT anfällig für die Luftfeuchtigkeit. Das Wasser im Vergaser stammt demnach nicht nur von dem Schwitzwasser aus dem Tank ab, sondern auch aus der angesaugten Luft des Luftfilters. Um dem wenigstens etwas beizukommen, ist der Luftfilter regelmäßig zu reinigen. Denn angesammeltes Wasser im Luftilter kann große Schwierigkeiten bereiten. Da die RT-Luftfilter in einem fest ummantelten Gehäuse aus Blech zuhause sind, ist die ganze Apparatur mit Waschbenzin oder Bremsenreiniger auszuwaschen und anschließend mit Luftdruck zu reinigen. Vor dem Einbau wird der Luftfilter noch mit einem dünnen Ölfilm überzogen, damit Staubteilchen bis zur nächsten Reinigung daran haften bleiben und nicht etwa in den Motor gelangen.

Ein technischer Mangel des Luftfilters ist, dass er keine beruhigte Luft ansaugt. Wie schon erwähnt, befindet er sich in keinem extra vorgesehenen Luftfilterkasten. Der mit höherer Geschwindigkeit des Fahrzeugs zunehmende Fahrtwind ist dabei eine große Hürde für die Ansaugleistung des Motors. Das Unterdruckgefälle im Kurbelgehäuse muss nicht nur gegen den üblichen langen Ansaugweg ankämpfen, sondern hat es auch mit dem vorbeieilenden Fahrtwind zu tun. Es muss sozusagen gegen den antagonistischen Sog des Fahrtwindes angesaugt werden.

Luftfilter von der Vergaserseite.

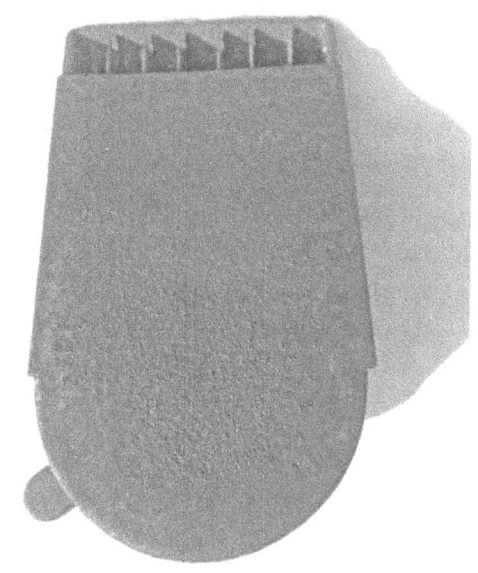

Luftfilter Rückseite.

Bei vielen Rennumbauten der RT-Modelle wurden Versuche unternommen, den Luftfilter in den Fahrtwind auszurichten, damit man diesen Druck des Fahrtwindes gleich nutzen kann. Der Gedanke ist gut, würde ja damit das Unterdruckgefälle im Kurbelgehäuse entlastet werden und der Ansaugvorgang unterstützt werden. Doch ist es zu aufwendig, den Vergaser so herzurichten, dass er in diesem Fall auch bei zunehmender Geschwindigkeit und damit erhöhter Luftzufuhr ein äquivalentes Maß an Kraftstoff bereit hält.

30. Der Auspuff

Die ersten Auspuffkonstruktionen bei Zweitaktmotorrädern dienten lediglich der Ableitung von Abgasen. Es waren, einfach ausgedrückt, bloße Rohre die im besten Fall noch eine Schalldämmung inne hatten. Erst im Verlauf verschiedener Versuche erkannte man einen Zusammenhang zwischen der Form des Auspuffs und des Schalls. Man begann die Schallwellen in besonderer Weise zu nutzen. Die Form eines Zweitaktauspuffs besteht prinzipiell aus einem Konus und einem Gegenkonus, gefolgt von einem Schalldämpfer. Die verbrannten Altgase werden durch den trichterförmigen Konus regelrecht aus dem Zylinder „herausgesaugt". Ebenso der Schall, welcher jedoch vom Gegenkonus reflektiert wird und dessen Wellen sich wieder zum Zylinder zurückbewegen. Die unverbrannten Frischgase, welche ebenfalls in den Auspuff gelangt sind, werden durch den reflektierten Schall wieder in den Zylinder gedrückt. Der nächste Arbeitstakt erhält somit also eine bessere Füllung und der Motor erfährt eine bessere Leistung. Der Auspuff arbeitet demnach im Einklang mit dem Motor, es herrscht eine Resonanz. Deswegen heißt der Auspuff eines Zweitakters auch Resonanzauspuff. Diese beiden Komponenten müssen sorgfältig aufeinander abgestimmt sein. Jede Änderung beeinflusst das Motorverhalten. Im Verlauf der Entwicklung wurden unzählige Alternativen erprobt, nur die Beste und Bewährteste fand seinen Weg in die Serie. Demzufolge ist am originalen Auspuff eines Fahrzeuges nichts zu verbessern, sofern man das gesunde Verhältnis aus Leistung und Lebensdauer nicht stören möchte. Außerdem sollte man schon wissen was man macht, denn schon die kleinste Änderung am Durchmesser des Endrohres, am Schalldämpfer oder an der Krümmerlänge können große Auswirkungen haben.

Bei den einzelnen RT-Modellen gibt es verschiedene Ausführungen des Auspuffs. Warten die ersten Modelle mit einem kleinen Auspuffkörper und schicken Schwalbenschwanz-Endstücken auf, haben die letzten Modelle einen größeren, Zigarrenförmigen Auspuff.

Ein Zigarrenauspuff.

Je nach Fahrweise, Öl-Benzin-Mischung und Vergasereinstellung, setzen sich die Auspuffe im Verlauf ihres Lebens unterschiedlich mit Abgasdreck zu. Öl- und Koksrückstände haften wie Kohlenstaub an den Innereien des Auspuffs und verschließen allmählich die Öffnungen des Schalldämpfers und des Endrohres. Im fortgeschrittenen Stadium ist ein starker Leistungsabfall bemerkbar. Eine beliebte und nicht ganz ungefährliche Disziplin dem beizukommen ist das „Auspuff ausbrennen". Der demontierte Auspuff wird senkrecht in ein Gefäß mittels einer Halterung gestellt, Benzin wird hineingegossen und angezündet. Der Pyromane hofft, auf diesem Wege den Koks im Auspuff zu verbrennen, bis nur noch ein leicht zu entfernender rötlicher Rückstand bleibt. Doch meistens enden diese Versuche in gefährlichen Verpuffungen und Explosionen und sind dem eigentlichen Anliegen wenig dienlich. Deswegen wird hier auch davon abgeraten. Eine sichere und dennoch feuerfreudige Methode ist der Gasbrenner. Man positioniert die zerlegten Auspuffteile auf einer nicht brennbaren Unterlage. Man hält sie am besten mit einer Rohrzange und Handschuhe sind ebenfalls WÄRMSTENS zu empfehlen. Dann beginnt man Stück für Stück die Rückstände mit dem Brenner zu behandeln. Man wird feststellen, dass sich die Glutlinie rege voran arbeitet und die ganze Methode sehr gründlich ist. Dennoch ist Geduld gefordert. Auch eine Atem-Schutzmaske ist zu empfehlen, weil die Verbrennungsrückstände eine Renaissance erleben werden und noch einmal ordentlich zu Räuchern beginnen. Der Koks verfärbt sich dann rötlich oder bräunlich und ist mit einer Drahtbürste einfach zu entfernen. Einziger Nachteil bei dieser Methode ist, dass ein gut verchromter Auspuff bläuliche Färbungen bekommt, wenn man es mit dem Brenner übertreibt.

31. Der RT-Rahmen – Modifizierungen und Umbauten

Die Evolution des RT-Rahmens ist recht überschaubar. Die wichtigste Verbesserung hat man 1950 bei der IFA RT 125 eingeführt, als man vom Starrahmen der Vorkriegszeit weg-gegangen ist und eine Geradwegfederung einführte, welche sich bis dahin schon in vielen privaten Rennmaschinen bewährte.[5] Diese Form der Hinterradfederung behielt man auch bei allen folgenden Zschopauer Serien-RT's bei.

Dennoch hatte man besonders in den frühen Jahren mit enormen Mängeln zu kämpfen. Viele RT-Rahmen erlitten Rahmenbrüche oder andere Schäden. Die Politik erschwerte es, diesen Problemen beizukommen. Denn das bisher verwendete nahtlos gezogene Rohr, welches aus der Bundesrepublik stammte, blieb immer häufiger aus. Nach vielen Versuchen kam man dem Engpass mit Rohren aus Riesa bei.[6]

Mit Einführung der MZ RT 125/2 hat man 1956 einen verstärkten Rahmen verbaut. Der Steuerkopf fiel wesentlich stabiler aus und die Rahmenrohre erhielten einen größeren Durchmesser. So haben die Rahmen der /1-Modelle am oberen Hauptrohr einen Durchmesser von 28 mm und die Nachfolgemodelle 32 mm. Der Rahmenunterzug misst bei der /1 32 mm und bei den folgenden RT's 35 mm.

Die Geradwegfederung.

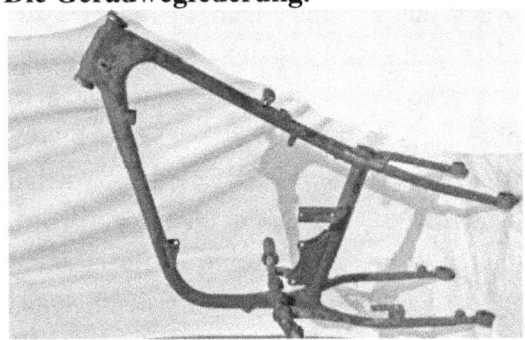

Der verstärkte Rahmen einer RT 125/3.

Die Rahmen der Renn-RT's wurden häufig noch zusätzlich stabilisiert. Die Verstrebungen, die zu den Geradwegfederungen führen, wurden auf jeder Seite durch eine eingeschweißte, vertikale Strebe verbunden. Somit war das Heck verwindungssteifer.

---

[5] KRAUS, Jens: Der genetische Code. Jugendzeit mal acht: Von der Entstehung einer „Rennmaschinen-Kleinserie". In: OLDTIMER PRAXIS 4/2005: S. 68.

[6] UHLMANN, Claus: RT 125 – Das kleine Wunder aus Zschopau. Geschichte und Technik der RT-Motorräder. 8. Überarbeitete Auflage. Annaberg-Buchholz (2013): S. 40.

32. Das Fahrwerk – zeitgenössische Umbauten

Viele der späteren RT-Rennversionen waren dann schon mit einer Hinterradschwinge ausgestattet. Hierzu wurde der Rahmen und speziell das Heck umgestaltet, wodurch die Streben für die Geradwegfederung entfielen. In die Serie wurde die Hinterradschwinge bei der RT allerdings nie übernommen. Da die RT im privaten Gebrauch viele Generationen ihren Dienst tat, wurden diese Umbauten noch Jahre nach Produktionsende von kleineren Werkstätten vorgenommen.

und Umbauten an den RT's vorgenommen, wie sie dem Zeitgeist entsprachen.

In den Anfangstagen des Nachkrieg-Rennsports nahmen viele Privatfahrer auch alte DKW-Rahmen oder leichte Vorderradgabeln aus den zahlreichen 98-kubik Mopeds. Dies waren hauptsächlich Trapezgabeln, welche der serienmäßigen Teleskopgabel der RT 125 nicht das Wasser reichen konnten – aber es ging darum Gewicht einzusparen.

Eine zusätzliche Verstrebung, welche parallel zur Gerad-Wegfederung eingeschweißt wird, sorgt für mehr Stabilität.

Besonders bekannt ist die Firma Endig aus Chemnitz. Endig war für die RT so etwas, wie Melkus in Dresden für den Wartburg war. Im damals noch Karl-Marx-Stadt genannten Chemnitz wurden bei Endig Verbesserungen

**Ein Versuch einen zeitgenössischen Rennumbau nachzuahmen. Hier wurde jedoch nicht auf die leichten Varianten der 98-kubik-Mopeds zurückgegriffen, sondern auf eine massivere Konstruktion der
NSU OSL 250.**

33. Die Teleskopgabel

Um es mit modernem Vokabular auszudrücken, ist die RT mit einer Upside-down-Gabel (USD-Gabel) ausgestattet. Es gibt zwei wesentliche Vorteile dieser Gabeln. Zum einen sind sie verwindungssteifer und zum anderen reduzieren sich durch diese Anordnung der Bauteile die ungefederten Massen. Wie die Radbefestigung hat auch das Schutzblech einen Einfluss auf die Verwindungsfestigkeit der Gabel. Um die Gabel zu demontieren, müssen zunächst die Bremstrommel, das Rad und das Schutzblech abgebaut werden. Dann ist jeweils die Klemmschraube an der Gabelbrücke unten und oben zu lösen.

Befestigungsschraube am unteren Klemmkopf der Gabelbrücke und oben.

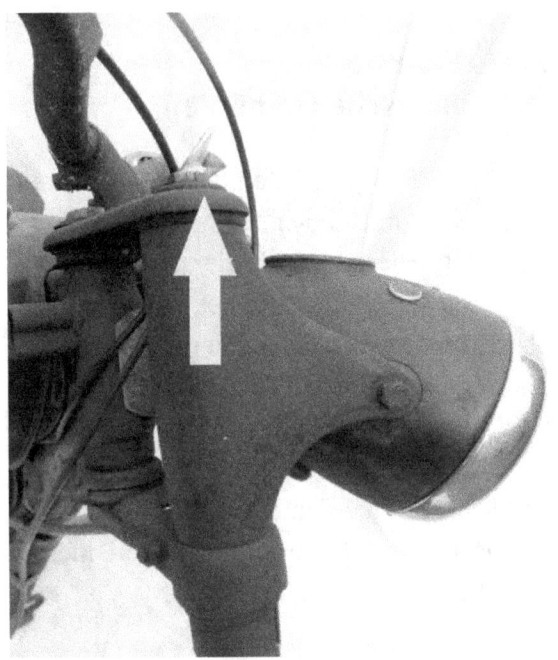

Die einzelnen Federbeine sollten dann nach unten herauszuziehen sein. Dabei nicht wundern, wenn sich das Verstärkungsblech von der Gabelbrücke mit löst und auf dem Federbein hängen bleibt. Dieses ist beim Wieder-zusammenbau einfach wieder an seinen Platz am unteren Klemmkopf der Gabelbrücke zu bringen.

Zunächst ist der Faltenbalg zu entfernen. Meist ist er derart verschlissen, dass er sowieso ersetzt werden muss. Wer keine dicke Brieftasche hat und keinen großen Wert auf Originalität legt, der kann hier auch auf das Ersatzteillager von Simson zurückgreifen. Denn die Faltenbälge einer S 51 kosten nicht mehr als 10 und passen auch an die RT. Sie sehen auch gar nicht mal so schlecht an der RT-Gabel aus. Die alten Faltenbälge sind grundsätzlich nur heil zu entfernen, wenn die einzelnen Stoßdämpfer demontiert sind. So kann man sie bequem über die Stoßdämpfer ziehen.

Nach der Entfernung der Faltenbälge kann man die Teleskopstelle der beiden Rohre erkennen. Das untere Rohr taucht in das obere Rohr. Hier ist auch die Stelle, wo man ansetzt um die Gabel zu zerlegen. Wenn man den Stoßdämpfer gereinigt hat, erkennt man hier einen Sprengring, welcher die Konstruktion zusammenhält.

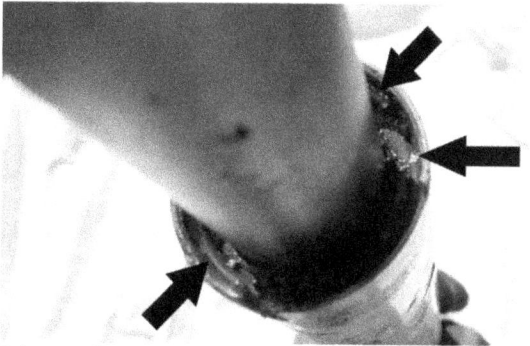

Dieser Sprengring ist zu entfernen. Dieser Sicherungsring ist in den Ersatzteillisten nicht aufgeführt.

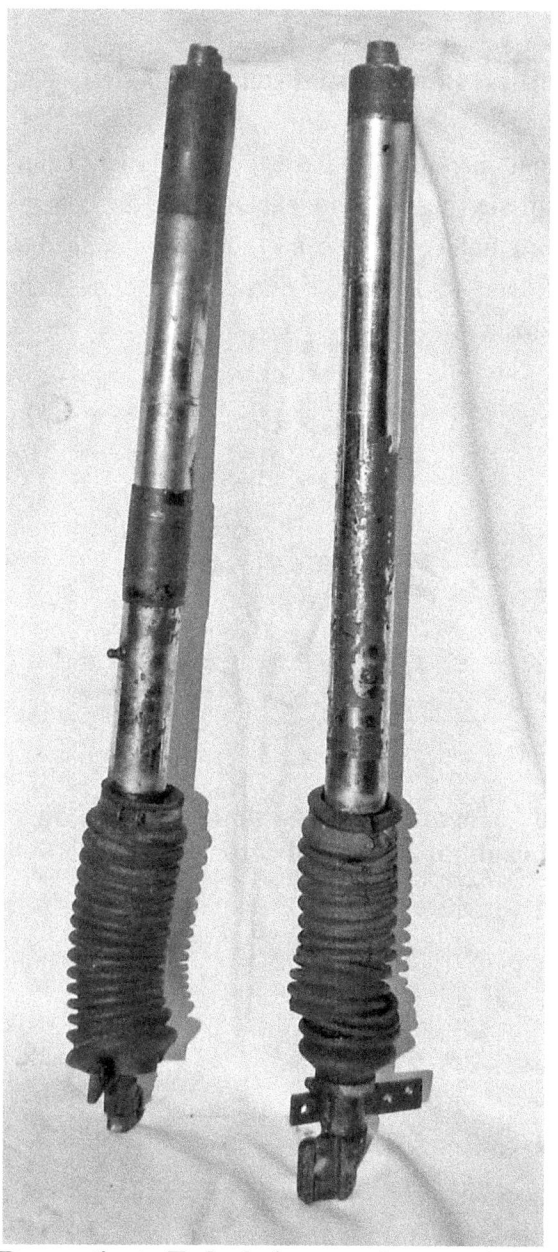

Demontierte Federbeine werden gereinigt und zerlegt. Vorher die Schmiernippel entfernen!

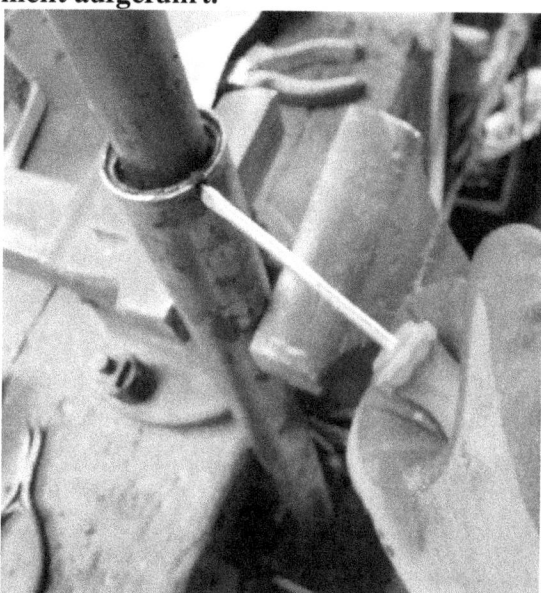

An dieser Nut kann man den Sprengring bequem herausdrücken.

Am Rand des Führungsrohres gibt es eine Nut, von wo aus der Sprengring einsehbar ist. Dort setzt man vorsichtig mit einem Schraubenzieher an und hebelt ihn mit Gefühl aus seiner Position. Hierbei sollte man sich vorsehen, denn die Spannung auf so einen Sprengring kann schon mal so groß sein, dass einem das gute Stück buchstäblich um die Ohren fliegt.

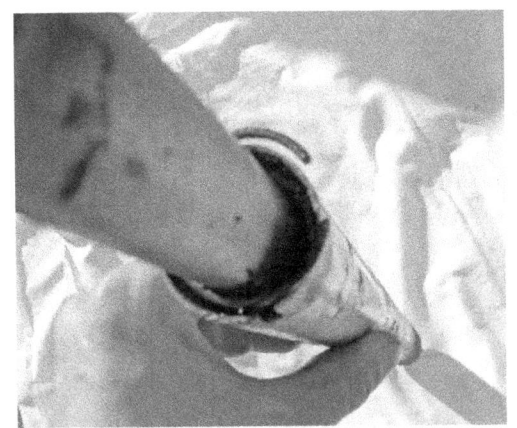

Nun kann das Federbein auseinander gezogen werden.

Nun kann man sich daran machen, die beiden Rohre auseinanderzuziehen. Dies kann meistens viel Kraft erfordern, weil die Buchsen im Inneren ziemlich verquollen sind. Doch sollte es allemal machbar sein. Bei dieser Tätigkeit ist es nicht empfehlenswert die neue Gucci-Hose oder den guten Sonntagsanzug anzuziehen, denn jahrzehntealtes Fett kommt mit großer Sicherheit herausgeschossen und besprenkelt alles, was sich in der Umgebung befindet!

Ur-altes Fett wird die Werkstatt garantiert einsauen!

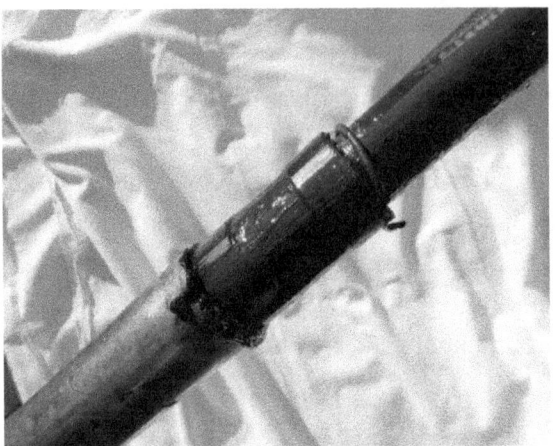

Diese Buchsen sind stets verquollen.

Wenn man die Bauteile gereinigt hat, kann man sie besser handhaben und die obere Schraubhülse entfernen. Dann kann man die Buchsen und die Beilegringe abziehen und ersetzen.

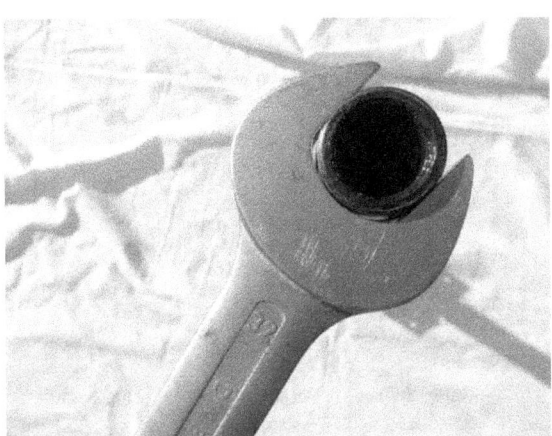

Mit einem 32er Schlüssel sind die Schraubhülsen schnell entfernt.

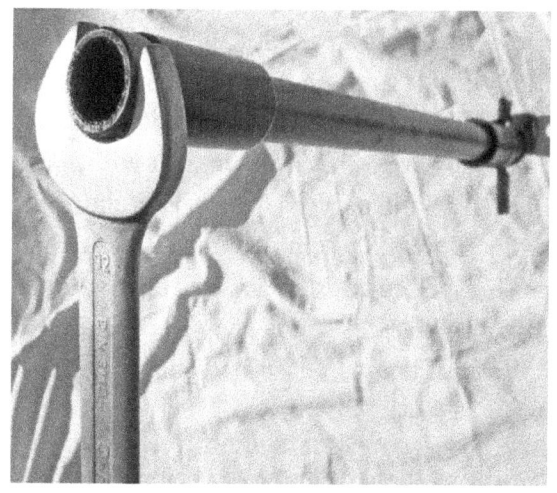

Nun können alle Bauteile zerlegt und gereinigt werden. Bei diesen Arbeiten ist es grundsätzlich sinnvoll die Buchsen zu wechseln. Vor dem Einbau neuer Buchsen kann man diese zuvor in heißes Olivenöl legen und eine Zeit lang aufquellen lassen. Auf diese Weise ist die Gabel dann wieder ordentlich dicht und geht schön straff.

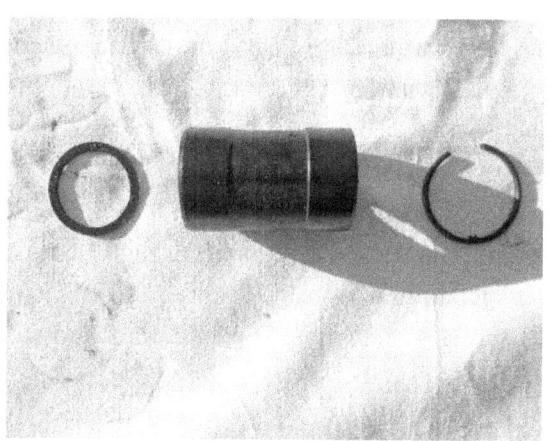

**Tipp:
Die neue Buchse vorher in heißem Olivenöl aufquellen lassen!**

Im Gegensatz zu der etwas zarteren Gabel der RT/0 befinden sich in den Teleskopgabeln der Nachfolge-Modelle mehrere Federn, welche miteinander kombiniert sind. Diese sind über Federschnecken miteinander verbunden und lassen sich an diesen Stellen trennen und wieder zusammenfügen. Beim Zusammenfügen sollte darauf geachtet werden, dass die Federschnecke voll ausgereizt wird und die Verbindung fest sitzt.

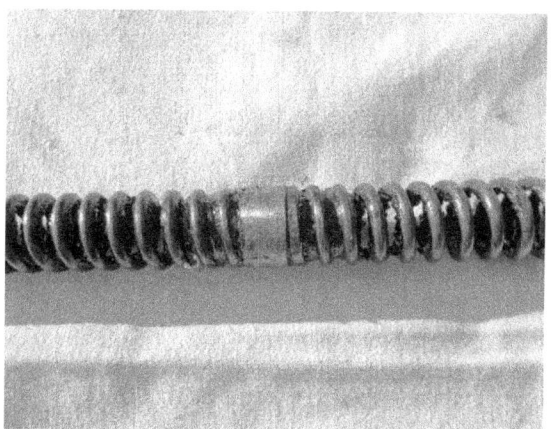

Die Federn sind über Federschnecken miteinander verbunden. Hier die untere Federschnecke.

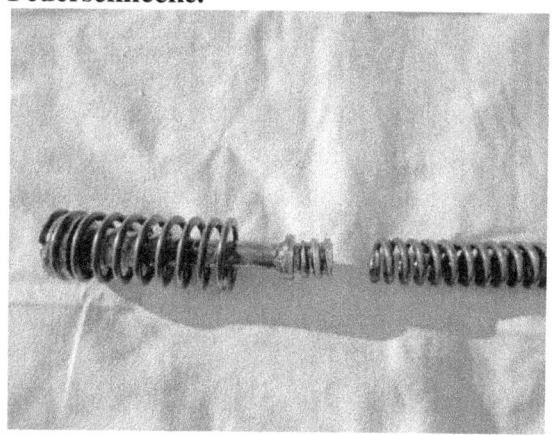

Hier die obere Federschnecke, welche gleichsam das innere Gegenstück der Befestigungsschraube am oberen Klemmkopf der Gabelbrücke darstellt.

Der Zusammenbau der Gabel erfolgt in umgekehrter Reihenfolge. Die Teile sollten wieder reichlich gefettet werden und der Schmierplan sollte fortwährend berücksichtigt werden.

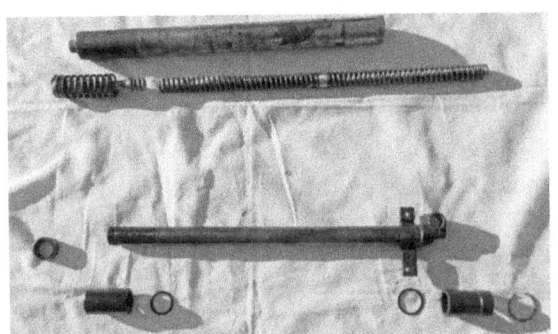
Zerlegter Stoßdämpfer der RT-Gabel.

34. Die Montage der Geradwegfederung

Bevor es an die Geradwegfederung geht, sind das Hinterrad, das Kettenrad, der Kettenkasten und wenn nötig, auch die Soziusfußrasten zu demontieren. Bei den RT/1 und allen folgenden Modellen entfernt man als erstes die Verschlussschrauben, welche das Führungsrohr der Geradwegfederung in den Heckstreben des Rahmens halten. Hierbei ist darauf zu achten, dass man nicht mit dem Schraubenschlüssel abrutscht. Denn auf diese Art verschlissene Verschlussschrauben sind kein schöner Anblick, zumal sie nach außen hin völlig sichtbar sind. Ebenfalls löst man die Verschraubungen an den Ösen der Heckverstrebungen, welche die Ösen um die Führungsrohre anziehen. Anschließend sind die beiden Sechskantschrauben, die horizontal in die Aluguss-Achsaufnahmen eingeschraubt sind, zu lösen. Wenn das Führungsrohr nicht zu sehr korrodiert ist, dürfte es nun mit wenig Aufwand nach oben durch die Ösen der Rahmenstreben zu treiben sein. Dazu verwendet man am besten ein rundes Stück Hartholz, welches durch die Ösen passt. Von einem metallischen Gegenstand, einem Eisenrohr zum Beispiel, ist abzuraten, weil man damit das Führungsrohr beschädigen könnte. Man sollte auch sehr auf das Innengewinde des Führungsrohres achten. Im Vorfeld kann man sich allerdings selbst helfen, indem man mit einem breiten und stabilen Schlitzschraubenzieher die Schlitze der Führungsösen mit viel Vorsicht ein wenig aufbiegt. Sollte sich das Führungsrohr allerdings nicht sogleich rühren, ist es wohl korrosionsbedingt fester an seinem Platz, als man wünscht. Hier hilft, wenn man Kriechöl in die Zwischenräume sprüht und einwirken lässt.

Allgemein ist bei diesen Arbeiten an den Heckverstrebungen des Rahmens eine sanfte Vorgehensweise geboten, weil sich diese Streben wie Schweißdraht leicht biegen und man so sehr schnell vor der Herausforderung eines verzogenen Rahmens steht. Besser ist der Rahmen im Vorfeld schon entsprechend auf eine Unterlage gelegt oder in Position gebracht, um ein ewiges Stoßen auf die Verstrebungen zu vermeiden.

Sind die Führungsrohre entfernt, lässt sich der Rest der Geradwegfederung ausbauen, indem man mit zwei Händen und ausreichend Kraft die obere Chromhülse nach unten drückt, bis sie über die kleine Führungskante der Ösen gelangt und sie dann zur Seite herausgenommen werden kann. Nun können auf einer sauberen und aufgeräumten Arbeitsfläche die Teile zerlegt und gereinigt werden. Vor dem Wiedereinbau sind die Spiralfedern ausreichend zu fetten.

Verwendete Literatur

WILDSCHREI, Dirk. Das große gelbe MZ-Schrauberbuch. (2009).

UHLMANN, Claus: RT 125 – Das kleine Wunder aus Zschopau. Geschichte und Technik der RT-Motorräder. 8. Überarbeitete Auflage. Annaberg-Buchholz (2013).

KRAUS, Jens: Der genetische Code. Jugendzeit mal acht: Von der Entstehung einer „Rennmaschinen-Kleinserie". In: OLDTIMER PRAXIS 4/2005.

LOTHAR, mz-forum.com: Elektrik der MZ-Zweitakter (Stand: 14.09.2012).

RÖNICKE, Frank: Typenkompass DKW. Motorräder 1920 – 1979. 1. Aufl. Stuttgart (2007).

SCHWIETZER, Andy: Typenkompass MZ. Motorräder seit 1950. 1. Aufl. Stuttgart (2008).

Bedienungsanleitung für das IFA-Motorrad RT 125. Zschopau.

Bedienungsanleitung für das IFA-Motorrad RT 125/1. Zschopau.

Bedienungsanleitung für das IFA-Motorrad RT 125/3. Zschopau.

Ersatzteilliste für das IFA-Motorrad RT 125. Zschopau.

Ersatzteilliste für die Motorräder IFA RT125/1 und MZ RT125/2

Fachkunde Kraftfahrzeugschlosser. 4. Überarbeitete Auflage. Berlin (1960).

Ich wünsche euch allen eine unfall- und pannenfreie Fahrt.

Habt immer eine Handbreit Öl im Zylinder und genießt euer Hobby.

Fonsi Karasz

www.ingramcontent.com/pod-product-compliance
Lightning Source LLC
Chambersburg PA
CBHW081853170526
45167CB00007B/2998